BAYESIAN STATISTICS THE FUN WAY

趣学贝叶斯统计

橡皮鸭、乐高和星球大战中的统计学

UNDERSTANDING *STATISTICS* AND *PROBABILITY* WITH STAR WARS®,
LEGO®, AND RUBBER DUCKS

[美] 威尔·库尔特（Will Kurt）◎著

王凌云 ◎译

U0382353

人民邮电出版社

北京

图书在版编目（CIP）数据

趣学贝叶斯统计：橡皮鸭、乐高和星球大战中的统
计学 / （美）威尔·库尔特（Will Kurt）著；王凌云译.
-- 北京：人民邮电出版社，2022.6
ISBN 978-7-115-59107-4

Ⅰ. ①趣⋯　Ⅱ. ①威⋯　②王⋯　Ⅲ. ①贝叶斯统计量
－研究　Ⅳ. ①O212.8

中国版本图书馆CIP数据核字(2022)第073066号

内 容 提 要

本书通过简单的解释和有趣的示例帮助读者全面了解贝叶斯统计。举几个例子：可以评估 UFO 出现在自家后院中的可能性、《星球大战》中汉·索罗穿越小行星带幸存下来的可能性、抓鸭子中大奖游戏的公平性，并学会用乐高积木理解贝叶斯定理。通过阅读本书，可以学习如何衡量自己所持信念的不确定性，理解贝叶斯定理并了解它的作用，计算后验概率、似然和先验概率，计算分布以查看数据范围，比较假设并从中得出可靠的结论。

本书适合有高中代数基础、希望了解统计学的人阅读，具有较强统计学背景的读者也可以从书中得到新的启发。

◆ 著　　　[美] 威尔·库尔特（Will Kurt）
译　　　王凌云
责任编辑　谢婷婷
责任印制　彭志环
◆ 人民邮电出版社出版发行　　北京市丰台区成寿寺路 11 号
邮编　100164　电子邮件　315@ptpress.com.cn
网址　https://www.ptpress.com.cn
固安县铭成印刷有限公司印刷
◆ 开本：800×1000　1/16
印张：15.25　　　　　　　　　2022年6月第1版
字数：341千字　　　　　　　2024年11月河北第10次印刷
著作权合同登记号　图字：01-2020-5695号

定价：89.80元
读者服务热线：**(010)84084456-6009**　印装质量热线：**(010)81055316**
反盗版热线：**(010)81055315**
广告经营许可证：京东市监广登字 **20170147 号**

版 权 声 明

献给 Melanie，她重新唤醒了我对文字的热情。

前　言

事实上，生活中的所有事情从某种程度上说都是不确定的。这句话听起来似乎有些夸张，为了验证真假，不妨做一个简单的实验：在一天开始的时候，写下你认为在接下来的半小时、1小时、3小时和 6 小时内会发生的事情，然后看看有多少事情会像你设想的那样发生。很快你就会意识到，一天中充满了各种不确定的因素，即使像"我会刷牙"或"我会喝杯咖啡"这样的事情，也可能因为这样或那样的原因，并不会如你所期望的那样发生。

对于生活中遇到的大多数不确定因素，通过规划就能很好地消除其影响。例如，即使交通拥堵可能让你早上的通勤时间比平时长，你也能很好地预估在什么时候离开家能够准时上班。如果上午有一个非常重要的会议，你可能会提前出门，以确保准时。我们都有一种与生俱来的意识，能处理不确定的情况并对不确定性进行推理。当用这种意识去想事情的时候，你就是在用**概率**思维思考了。

为什么要学习统计学

本书的主题是贝叶斯统计，它有助于我们更好地对不确定性进行推理，就像在课堂中学到的逻辑知识有助于我们看出日常逻辑思维中的错误一样。正如前面讨论的那样，每个人在日常生活中都会与不确定性打交道，这使得本书的读者群体相当广泛。已经在使用统计学的数据科学家和研究人员将深入理解统计工具的原理并从中受益，工程师和程序员则会学到如何更好地量化他们必须做出的决策，我甚至在用贝叶斯分析来确定软件存在 bug 的原因！市场营销人员和销售人员则可以在使用 A/B 测试时、在试图了解受众时以及在更好地评估机会的价值时，应用本书中的思想。任何做高层决策的人都应该有基本的概率意识，这样他们就可以对不确定决策的成本和收益做出快速的粗略估计。我希望本书能够成为 CEO 们在飞行旅途中的读物，这样便于他们在飞机降落时打下一定的基础，可以在涉及概率和不确定性的问题上做出更好的选择。

我个人认为，每个人都会因用贝叶斯思维思考问题而受益。通过贝叶斯统计，你可以用数学来模拟不确定性，这样就可以在信息有限的情况下做出更好的选择。例如，你需要准时参加一个特别重要的会议，有两条路线可以选择：第一条路线较近，但经常会发生拥堵从而导致较长的延误；第二条路线较远，但来往的车辆较少。应该选择走哪条路线呢？需要什么样的信息才能做出决定呢？你对自己做出的选择又有多大把握呢？哪怕只是稍微复杂一点的问题，也需要额外的思考和方法才能解决。

通常，当想到统计学时，人们的脑海中浮现的是医学家在研究一种新药，经济学家在跟踪市场趋势，分析师在预测下一次选举，以及棒球队经理试图在用复杂的数学模型打造最好的球队，等等。所有这些都是统计学的奇妙用途，但理解贝叶斯统计的基础知识可以在日常生活的更多领域中有所助益。如果你曾经质疑过新闻报道中的一些新发现，曾经为想知道自己是否得了某种罕见病而熬夜浏览网页，或者曾经因为亲友们对世界的非理性信念而与他们争论不休，那么贝叶斯统计非常适合你学习，它能帮你更好地推理。

什么是贝叶斯统计

你可能很想知道贝叶斯统计到底是什么。如果你曾经学习过统计课程，那么这类课程很有可能是基于**频率派统计**（frequentist statistics）的。频率派统计建立在如下观点之上：概率代表的是某件事情发生的频率。例如，掷一次硬币得到正面的概率是 0.5，那就意味着在掷一次硬币后，预期得到 $\frac{1}{2}$ 个正面（如果掷 2 次，预期得到一个正面，这更合理）。

相对来说，贝叶斯统计则更关注概率如何表示我们对某信息的不确定性。用贝叶斯统计的术语来说，如果掷一次硬币得到正面的概率是 0.5，那就意味着我们对得到正面和得到反面同样不确定。对掷硬币这样的问题，频率学派和贝叶斯学派似乎都是合理的，但是当量化你最喜欢的候选人赢得下一次选举的信念时，贝叶斯学派的解释则更有意义。毕竟选举只有一次，所以讨论你最喜欢的候选人会赢的频率并没有太大意义。在进行贝叶斯统计的时候，我们只想准确地描述自己在目前所掌握的信息下对这个世界的信念。

贝叶斯统计有一个特别好的地方，那就是可以把它直接看成对不确定事物的推理，所以贝叶斯统计的所有工具和方法都有着直观的意义。

贝叶斯统计重在观察你所面临的问题，找出描述它的数学方式，然后用推理来解决它。这里没有那些给出不确定结果的神秘测试，没有必须记忆的分布，也没有必须完美复制的传统实验设计。无论想弄清楚一个新的网页设计会给你带来更多客户的概率，还是你最喜欢的运动队是否会在下一场比赛中获胜，抑或我们在宇宙中是否真的孤独，贝叶斯统计都能够让你对这些事情进行数学分析，只不过需要使用一些简单的规则和一种看待问题的新方法。

本书内容

以下是对本书内容的简要介绍。

第一部分　概率导论

第 1 章　贝叶斯思维和日常推理

这一章将介绍贝叶斯思维，并展示它与日常批判性思考的方法有多相似。我们将根据你对这个世界已有的了解和认知，探讨夜间窗外的亮光是不明飞行物的可能性。

第 2 章　度量不确定性

在这一章中，通过掷硬币的例子，你将以概率的形式为不确定性分配实际的值：一个介于 0 和 1 之间的值。该值代表你对某件事情的信念有多坚定。

第 3 章　不确定性的逻辑

逻辑学使用运算符 AND、NOT 和 OR 对或真或假的事实进行组合。在概率论中，同样有类似运算符的概念。这一章将研究如何选择最佳的交通方式赴约，以及收到交通罚单的概率。

第 4 章　创建二项分布

在这一章中，你将以概率规则为逻辑，创建自己的概率分布——二项分布，它可以应用于许多具有相似结构的概率问题。同时，你将尝试预测在扭蛋游戏中获得一张特定牌的概率。

第 5 章　β 分布

你将学习第一个连续概率分布，并了解统计学与概率论的不同之处。统计学的实践是根据数据找出未知的概率。这一章将研究一个神秘的硬币分配盒子，以及赢的钱比输的钱更多的概率。

第二部分　贝叶斯概率和先验概率

第 6 章　条件概率

在这一章中，你将根据现有的信息来确定概率。例如，知道性别之后，就可以知道某人是色盲的概率有多大。此外，你还会了解贝叶斯定理，它可以反转条件概率。

第 7 章　贝叶斯定理和乐高积木

在这一章中，通过对乐高积木的推理，你将对贝叶斯定理有更直观的认知，同时你将对贝叶斯定理在数学上的作用有更好的理解。

第 8 章　贝叶斯定理的先验概率、似然和后验概率

贝叶斯定理通常分为 3 个部分，每个部分在贝叶斯推理中都发挥着各自的作用。在这一章中，你将通过调查一次明显的"入室盗窃"事件是真实犯罪还是一系列的巧合，来了解这 3 部分的名称和用法。

第 9 章　贝叶斯先验概率和概率分布

这一章将探讨如何利用贝叶斯定理来更好地理解《星球大战：帝国反击战》中穿越小行星带的经典场景。由此，你将对贝叶斯统计中的先验概率有更深刻的理解。同时，你还会学习如何将整个分布用作先验概率。

第三部分　参数估计

第 10 章　均值法和参数估计介绍

参数估计是一种用来对不确定的值进行恰当猜测的方法。参数估计中最基本的工具就是对观测值进行平均。这一章通过分析降雪量来介绍这一工具的工作原理。

第 11 章　度量数据的离散程度

找到均值是参数估计的第一步，此外还需要一种方法来说明观测值有多分散。这一章会介绍度量观测结果离散程度的方法：平均绝对偏差、方差和标准差。

第 12 章　正态分布

通过组合均值和标准差，你能够得到一个非常有用的、用于估算的分布：正态分布。在这一章中，你不仅会学习如何使用正态分布估算未知值，还会知道自己对这些估值的确定程度。

第 13 章　参数估计工具：PDF、CDF 和分位函数

这一章中，你将通过学习 PDF、CDF 和分位函数来更好地理解参数估计。你还会使用这些工具来估计邮件列表的转化率，并看看每种工具为你提供了什么样的见解。

第14章　有先验概率的参数估计

改进参数估计的最佳方法是加入先验概率。在这一章中，你将看到增加关于电子邮件点击率的先验信息后，这如何帮助我们更好地估计新电子邮件的真实转化率。

第四部分　假设检验：统计的核心

第15章　从参数估计到假设检验：构建贝叶斯 A/B 测试

既然可以估计一个不确定的值，就需要有方法来比较两个不确定的值，以便检验假设。这一章将构建一个 A/B 测试来确定自己对电子邮件新营销方法的信心。

第16章　贝叶斯因子和后验胜率简介：思想的竞争

你是否曾熬夜浏览网页，想知道自己是否得了一种非常罕见的疾病？这一章将介绍另一种检验思想的方法，以帮助你确定应该担心的程度。

第17章　电视剧中的贝叶斯推理

你有多相信超能力？在这一章中，你将通过分析某电视剧中的一个经典场景来学习读心术。

第18章　当数据无法让你信服时

有时候，数据似乎并不足以改变一个人对某种信念的看法，也不能帮你赢得一场争论。这一章将介绍如何改变一个朋友对他不同意的事情的看法，以及为什么不值得花时间去和好辩论的叔叔争论！

第19章　从假设检验到参数估计

这一章通过研究如何比较一系列的假设，重新回到参数估计这一主题。你将使用前面已经介绍过的简单假设检验工具来分析某个游乐场游戏的公平性，并推导出自己的第一个统计学示例：β 分布。

附录 A　R 语言快速入门

附录 A 将介绍 R 语言的基础知识。

附录 B　必要的微积分知识

附录 B 包含必要的微积分知识，足以让你熟悉本书中用到的数学原理。

附录 C　练习答案

附录 C 提供了每章章末练习的答案。

需要的背景知识

只要拥有高中代数知识，你就可以阅读本书。如果往后翻，你会看到一些数学实例，其中并没有特别难的内容。虽然本书将使用一些用 R 语言编写的代码，但我会讲解提供的这些代码，因此你并不需要提前学习 R 语言。我们也会接触一些微积分知识，但同样不需要提前学习，附录 B 会为你提供足够的信息。

换句话说，本书旨在帮助你开始用数学的方式思考问题，但不需要大量的数学背景知识。读完本书，你可能会发现自己不经意地写出了方程来描述在日常生活中看到的问题。

如果你碰巧有深厚的统计学（甚至是贝叶斯统计）背景，我相信你仍然会在阅读本书的过程中获得乐趣。我发现，要想很好地理解一个领域，最好的办法就是从不同的角度反复重温基本原理。即使作为本书的作者，我在写作过程中也发现了很多令自己惊讶的事情！

开始探索之旅

很快你就会看到，除了非常有用之外，贝叶斯统计也很有趣！为了帮助你学习贝叶斯统计，我们将去看一看橡皮鸭游戏、乐高积木和电影《星球大战》等。你会发现，一旦开始从概率的角度考虑问题，你就会到处使用贝叶斯统计。本书旨在成为一本简短、有趣的读物，所以不妨翻过这一页，开始贝叶斯统计探索之旅吧！

电子书

扫描如下二维码，即可购买本书中文版电子书。

致　谢

写书真是一项极费精力的工作，需要许多人为之付出艰辛的劳动。我要感谢的人很多，请原谅我不能在此一一列举。首先，我要感谢儿子 Archer，他总能让我保持好奇心并不断激励我。

我一直以来都很喜欢阅读 No Starch 出版的书，能和这样优秀的团队合作出版一本书，我深感荣幸。非常感谢本书的编辑、审稿人以及 No Starch 的优秀出版团队。Liz Chadwick 最初联系我写作本书，并在本书写作和出版的整个过程中提供了有效的反馈和指导。Laurel Chun 确保了我们顺利地根据最初凌乱的 R 语言笔记整理出这本完整的书。Chelsea Parlett-Pelleriti 的工作则远远超出了其技术审稿人的本职工作范围，真正帮助本书做到了最好。Frances Saux 则对本书的最后几章提出了许多有深度的建议。当然，我也要感谢 Bill Pollock，感谢他创办了这样一家让人欣喜的出版公司。

作为一个在本科阶段学习英语文学的人，我从来没有想过要写一本数学主题的书。正是有了下面这么多人的帮助，我才感受到了数学的奇妙。我将永远感谢大学室友 Greg Muller，他向一个醉心于英语的学生展示了数学世界是多么令人兴奋、多么有趣。波士顿大学的 Anatoly Temkin 教授则让我在不断回答"这是什么意思"这一问题的过程中打开了数学思维的大门。当然，我还要感谢 Richard Kelley，当我发现自己多年来一直处于数学沙漠中时，是他通过数学方面的对话和指导给了我一片绿洲。我还要向 Bombora 公司的数据科学团队致敬，尤其是 Patrick Kelley，他提供了很多精彩的问题和解答，其中一些就包含在本书中。我也会永远感谢我的博客 Count Bayesie 的读者，他们提出了很多精彩的问题和见解。在这些读者中，我要特别感谢 Nevin。在早期，我对一些内容的理解有误，是他帮我纠正的。

最后，我要感谢那些真正伟大的贝叶斯统计学者，他们的著作对我在这个领域的成长起到了很大的指导作用。John Kruschke 的《贝叶斯数据分析（第 2 版）》[①]和 Andrew Gelman 等人的《贝叶斯数据分析》是每个人都应该读一读的好书。到目前为止，对我的思维影响最大的要算 E. T. Jaynes 的杰出著作 *Probability Theory: The Logic of Science*，还要感谢 Aubrey Clayton 为这本充满挑战的书所做的一系列讲座，让我搞清楚了很多问题。

---

① 该书将由人民邮电出版社出版，详见 ituring.cn/book/1995。——编者注

目　录

第一部分

概率导论

第 1 章

贝叶斯思维和日常推理

 本章将概述**贝叶斯推理**。所谓贝叶斯推理，是指我们在观察到一些数据后，更新自己对这个世界的信念的过程。我们将通过一个场景来探讨如何将日常经验映射到贝叶斯推理中。

好消息是，在拿起本书之前，你就已经是一个贝叶斯主义者了！贝叶斯统计其实与人们如何自然地利用数据创造新的信念、如何进行日常问题的推理密切相关。坏消息是，将这种自然的思维过程分解为严谨的数学过程很难。

在统计学中，我们通过使用特定的计算和模型来更准确地量化概率。不过，本章不会使用任何数学计算或模型，我们只需要熟悉基本概念，并利用直觉来确定概率。在第 2 章中，我们才会精确地计算概率。在本书的剩余部分，你将学习如何使用严格的数学方法对本章涉及的概念进行形式化的建模和推理。

1.1 对奇怪经历的推理

一天晚上，你突然被窗外的一道亮光惊醒。你从床上跳起来，向外望去，发现天空中有一个碟形的庞然大物。你从来都不相信会遇见外星人，但现在你完全被外面的景象迷惑了。你发现自己在想：这难道是不明飞行物（unidentified flying object，UFO）吗？！

贝叶斯推理就是这样一种思维过程：在遇到一种情况时，你会做出概率假设，然后根据这些假设更新你对这个世界的信念。在 UFO 这个情景中，你已经经历了一个完整的贝叶斯分析过程，因为你：

(1) 观察到了数据；

(2) 做出了一个假设；

(3) 根据观察到的数据更新了自己的信念。

这种推理往往发生得太快，以至于你没有时间分析自己的思维过程。你在没有任何质疑的情况下建立了一个新的信念：之前你不相信 UFO 的存在，在事件发生之后更新了自己的信念，你认为自己看到了 UFO。

本章主要关注信念的产生及其构建过程，这样你就可以更规范地研究它。此外，后面的章节还将研究如何量化这个过程。

让我们从观察数据开始，依次分析这个推理过程的每一个步骤。

1.1.1　观察数据

将信念建立在数据上，是贝叶斯推理的一个关键组成部分。在对场景得出任何结论之前（比如说你声称自己看到了 UFO），你需要理解所观察到的数据。在这个例子中，数据是：

❑ 窗外的一道亮光；

❑ 一个碟形物体在空中盘旋。

根据经验，你会把窗外的景象描述为"令人惊讶的场景"，用概率的术语表示，可以将它写为：

$$P(窗外出现亮光, 天空中有碟形物体) = 很小$$

其中 P 表示概率，括号内列出的是两条数据。你可以将这个等式理解为"窗外出现亮光且天空中有碟形物体的概率很小"。在概率论中，当要表示多个事件的**联合概率**（combined probability）时，用逗号分隔事件。请注意，这两条数据并不包含任何关于 UFO 的具体内容，它只由你的观察结果组成——这一点在后面会很重要。

也可以考查单个事件的概率，并将其写为：

$$P(下雨) = 很可能$$

这个等式的意思是，"下雨的概率比较大"。

对刚才提到的 UFO 场景，我们要确定的是**两个事件一起发生**的概率。这与两个事件单独发生的概率完全不同。例如，单独出现亮光很容易，一辆路过的汽车就会发出亮光，所以就出现亮光这个事件而言，它发生的概率要远远大于它和碟形物体同时出现的概率（不过碟形物体单独出现也同样让人惊讶）。

如何确定这个概率呢？现在，我们使用的是直觉，也就是自我感觉到的这件事发生的可能性。第 2 章将介绍如何得出概率的精确数值。

1.1.2　先验信念和条件概率

早晨醒来，煮杯咖啡喝，然后开车去上班。在这个过程中，你不需要做很多分析，这是因为你对这个世界如何运转有着**先验信念**（prior belief）。先验信念是我们根据一生的经验（也就是观察到的数据）建立起来的信念集合。你相信太阳会升起，因为自你出生以来太阳每天都会升起（当然，在阴雨天，你看不见太阳升起）。如果没有先验信念，我们每天晚上睡觉时都会害怕明天的太阳可能不会升起。

先验信念表示，在看到窗外有明亮灯光的同时看到一个碟形物体，这在地球上很少见。但如果你生活在一个遥远的星球上，那里有大量的飞碟且经常有星际访客，那么在天空中同时看到亮光和碟形物体的概率就会大很多。

在公式中，先验信念写在数据后面并用"|"与数据隔开，就像下面这样：

$$P(窗外出现亮光，天空中有碟形物体 | 地球上的经验) = 很小$$

这个等式可以理解为："根据我们在地球上的经验，在天空中同时看到亮光和碟形物体的概率很小。"

这个概率结果被称为**条件概率**（conditional probability），因为计算某一个事件发生的概率时，以另一个事件的存在为条件。在这种情况下，我们会根据经验来调整观察到的事件的概率。

正如用 P 表示概率一样，我们通常用另外的变量来表示事件和条件，这样更简洁。如果你不太熟悉等式，一开始可能觉得它们显得过于简洁。但过一段时间你就会发现，简洁的变量名既有助于提高可读性，也有助于你了解等式如何推广到更大的问题类别上。我们将把所有的数据赋给一个变量 D：

$$D = 窗外出现亮光，天空中有碟形物体$$

所以从现在开始，当提到这组数据集的概率时，我们会直接用 $P(D)$ 来表示。

同样，我们会用变量 X 来表示先验信念，像下面这样：

$$X = 地球上的经验$$

现在可以将上文中等式的左边写为 $P(D | X)$。这样写更为简单且意思保持不变。

1. 以多重信念为条件

如果有一个以上的变量会显著影响概率，那么我们可以添加一个以上的先验信念。假设今天是特定节日，根据经验，你知道在这天放烟花很常见。根据你在地球上的经验和今天是特殊的日子，在天空中看到亮光的概率不是完全没有，甚至那个碟形物体也可能与某个烟花表演有关。因此，你可以将这个等式改写为：

$$P(窗外出现亮光, 天空中有碟形物体 \mid 特定节日, 地球上的经验) = 小$$

对比这两种情况可以发现，条件概率从"很小"变成了"小"。

2. 在实践中假设存在先验信念

在统计学中，通常不会明确地为所有的现有经验附加条件，因为它是可以假设的。出于这个原因，在本书中，我们不会在这种情况下单独增加变量。然而在贝叶斯分析中，我们必须记住，我们对这个世界的理解总是以自己在这个世界上的经验为条件的。本章的其余部分会保留"地球上的经验"这个变量以提醒这一点。

1.1.3　形成假设

到目前为止，我们已经有了数据 D（看到了一道亮光和一个碟形物体）和先验信念 X。为了解释所看到的情况，我们需要形成某种**假设**（hypothesis），即形成一个关于世界如何运作的模型，从而做出预测。假设可以有多种形式，我们对这个世界的所有基本信念都可以是假设。

- 如果相信地球自转，那么你就可以预测太阳会在某个时间升起和落下。
- 如果认为你最喜欢的棒球队是最好的，那么你就可以预测他们会比其他球队赢得更多。

假设也可以更正式、更复杂。

- 科学家可能会假设某种治疗方法能减缓癌症恶化。
- 金融领域的定量分析师会构建市场行为模型。
- 深度神经网络可以预测哪些图像展示的是动物，哪些图像展示的是植物。

所有这些例子都是假设，因为它们都包含对这个世界的某种理解，并利用这种理解来预测世界将如何运作。当提到贝叶斯统计中的假设时，通常关注的是它对我们观察到的数据的预测能力。

当看到数据并认为自己看到了 UFO 时，你就在形成一个假设。UFO 的假设很可能是基于你以前看过的电影和电视节目。将第一个假设定义为：

$$H_1 = 在我家的后院里有一个 UFO！$$

但这个假设预测的又是什么呢？如果将问题倒过来想，我们可能会问："如果在你家的后院里有一个 UFO，那么你预期会看到什么呢？"你可能会回答："亮光和碟形物体。"因为 H_1 预测了数据 D，所以当我们在给定的假设下观察到数据时，数据的概率就会增加。这样的结果可以规范地表示为：

$$P(D \mid H_1, X) \gg P(D \mid X)$$

这个式子的意思是："如果相信这是 UFO 并根据经验，在天空中看到亮光和碟形物体的概率要远远大于只看到亮光和碟形物体而无法解释的概率（这里用两个大于号 $\gg$ 表示远远大于）。"这里用概率的语言证明了我们的假设可以解释数据。

1.1.4　在日常语言中发现假设

很容易看出，日常语言和概率之间有着某种关系。例如，说某事"令人惊讶"，其实就等于说，根据我们的经验，它发生的概率比较小；而说某件事"很合理"，其实是说，基于经验，它发生的概率比较大。一旦指出，这种关系似乎就变得很明显了，但概率推理的关键在于仔细思考如何解释数据、形成假设并改变你自己的信念，即使面对的是一个普通的日常场景。如果没有假设 H_1，那么你就会感到疑惑，因为你无法解释所观察到的数据。

1.2　收集更多的数据以更新信念

现在你有了数据和假设，然而由于之前你一直对 UFO 事件持怀疑态度，因此这个假设看起来还是很离谱。为了进一步提高知识水平以得出更可靠的结论，你需要收集更多的数据。这是统计推理的下一个步骤，也是直觉思维的下一个步骤。

为了收集更多的数据，需要进行更多的观察。具体到 UFO 这个场景，你需要向窗外看看还能观察到什么。

当去看外面的亮光时，你注意到这个区域还有更多的灯光，还看到那个巨大的碟形物体用电线吊着，并留意到一个摄像人员。你听到一声巨响，有人喊了一声"停"。

你很有可能会瞬间改变对这个场景中所发生事情的看法。之前，你的推断是自己可能看到了一个 UFO，现在有了一些新数据，你意识到这看起来更像是有人在附近拍电影。

在这一思维过程中，你的大脑又一次瞬间完成了一次复杂的贝叶斯分析！为了更仔细地分析这一事件，下面来分解这一思维过程。

最初，你的假设是：

$$H_1 = 有\ UFO\ 着陆！$$

根据你的经验，这个假设单独发生的可能性非常小：

$$P(H_1 \mid X) = 非常小$$

这是在现有数据下，你能想到的唯一可能的解释。但是，当观察到更多的数据后，你立刻意识到还有一个可能的假设——附近有人正在拍摄电影：

$$H_2 = 有人正在窗外拍摄电影$$

这个假设单独发生的概率从直觉上来说也很小（除非你碰巧住在电影制片厂附近）：

$$P(H_2 \mid X) = 很小$$

请注意，这里将 H_1 的概率设为"非常小"，并将 H_2 的概率设为"很小"。这与我们的直觉相符。假设在没有任何数据的情况下有人走过来询问："你认为哪一种可能性更大——是 UFO 夜间出现在你家附近，还是刚好有电影在你家附近拍摄？"你会回答拍摄电影的可能性要比出现 UFO 的可能性更大。

当改变信念时，我们需要用一种方法将新得到的数据考虑进去。

1.3 对比假设

最开始，尽管不太相信，但你接受了出现 UFO 的假设，因为除此之外你想不出任何其他解释。然而现在出现了另一种可能的解释——正在拍摄电影，由此产生了**备择假设**（alternative hypothesis）。思考备择假设的过程，就是利用你所掌握的数据对多种假设进行比较的过程。

当看到电线、电影摄制组和额外的灯光时，你所掌握的数据就发生了变化。更新后的数据是：

$$D_{更新后} = 亮光,碟形物体,电线,摄制组,其他灯光等$$

在观察到这些额外的数据后，你改变了对所发生事情的结论。下面将这个过程分解成贝叶斯推理过程。第一种假设 H_1 给了一种解释数据的方法，让你不再困惑；然而随着观察的进一步深入，H_1 已经不能很恰当地解释数据了。用概率的方法表示就是：

$$P(D_{更新后} \mid H_1, X) = 非常小$$

现在你有了一种新的假设 H_2，它可以更恰当地解释数据，用概率的方法表示就是：

$$P(D_{更新后} \mid H_2, X) \gg P(D_{更新后} \mid H_1, X)$$

这里的关键是，要理解我们是在比较这些假设对观测数据的解释程度。当说"在第二种假设中，数据的出现概率要远远大于第一种假设"时，我们的意思是，第二种假设可以更恰当地解释所观察到的数据。由此，我们就触及了贝叶斯分析的真正核心：**检验信念的标准是它们解释世界的能力**。我们说一种信念要比另一种信念更准确，是因为它能更恰当地解释我们所观察到的世界。

数学上用这两种概率的比值来表达这个想法：

$$\frac{P(D_{更新后} \mid H_2, X)}{P(D_{更新后} \mid H_1, X)}$$

当这个比值是一个很大的数时，比如 1000，它意味着"H_2 对数据的解释要比 H_1 恰当 1000 倍"。因为 H_2 对数据的解释要比 H_1 好很多，所以我们将信念从 H_1 改变为 H_2。这正是当你改变对所观察情况的看法时所发生的事情。现在你之所以相信自己看到的是窗外正在拍摄电影，是因为它更能解释你所观察到的所有数据。

1.4　数据影响信念，信念不应该影响数据

最后值得强调的一点是，所有这些示例中唯一不变的是数据。你的假设可以改变，你在这个世界上的经验 X 也可以与别人不同，但是数据 D 则是所有人共享的。

思考下面这两个公式。第一个已经在本章中多次使用：

$$P(D \mid H, X)$$

它可以理解为"根据给定的假设和我的经验所得出的数据概率"，或者更直白地说，"我的信念对所观察到的数据解释得如何"。

但在日常思维中，有一种反过来的情况，那就是：

$$P(H \mid D, X)$$

它可以理解为"根据数据和在这个世界上的经验，我的信念的概率"，或者"我观察到的情况对我的信念的支持程度"。

在第一种情况下，我们会根据所收集到的数据和对世界的观察来改变自己的信念，从而更恰当地描述这个世界。在第二种情况下，我们收集数据来支持自己当前的信念。贝叶斯思维就是改变你的想法，更新你对世界的理解。我们观察到的数据都是真实的，所以我们的信念终归需要转变，直到与数据一致。

在生活中，你的信念也应该是始终可变的。

当摄制组收工时，你注意到所有的面包车上都有同一个徽章图案。你隐约听到有人说："嗯，这应该骗过了所有看到这一场景的人……真是好主意。"

有了这些新数据后，你的信念可能会再次改变！

1.5　小结

下面来回顾一下本章所介绍的内容。你根据现有的经验 X 形成了最初的信念。而观察到的数据 D，要么与你的经验一致，即 $P(D|X)$ = 很大；要么让你感到惊讶，即 $P(D|X)$ = 很小。为了理解这个世界，你信赖根据观察所形成的信念，或者说假设 H。很多时候，一种新的假设可以解释让你感到惊讶的数据，用概率的语言表示就是 $P(D|H,X) \gg P(D|X)$。当收集到新的数据或产生新的想法时，你可以形成更多的假设，如 H_1、H_2、H_3 等。当一种新的假设要比旧的假设更能解释收集到的数据时，即当出现下面这种情况时，你会改变自己的信念。

$$\frac{P(D|H_2,X)}{P(D|H_1,X)} = 较大数值$$

最后，你应该更关注那些改变你的信念的数据，而不是确保数据支持你的信念，即 $P(H|D)$ 的值。

有了这些基础，就可以往其中添加数值了。在第一部分的其余章节中，你将用数学方法模拟自己的信念，从而精确地决定你应该如何以及何时改变自己的信念。

1.6　练习

试着回答以下问题，检验一下你对贝叶斯推理的理解程度。

(1) 使用本章介绍的数学符号，将下列表述改写为数学表达式：

❑ 下雨的概率较小；
❑ 在阴天，下雨的概率较大；
❑ 下雨时，你带伞的概率要远远大于通常情况下带伞的概率。

(2) 使用本章介绍的方法，将你在下述场景中观察到的数据整理为数学表达式，然后提出假设来解释这些数据。

你下班回到家，看到正门是开着的且侧窗坏了。走进门后，你很快发现自己的笔记本计算机不见了。

(3) 下述场景在第 2 题的基础上增加了一些数据。使用本章介绍的数学符号演示这些新信息如何改变你的信念，并提出第 2 个假设来解释这些数据。

邻居家的孩子跑过来向你道歉，他不小心将石头扔到你家的窗户上，打碎了玻璃。同时他还说，他看见了你的笔记本计算机，因为不想让它被偷，所以他打开正门将它拿回了家。现在你的笔记本计算机在他家，很安全。

第2章

度量不确定性

在第 1 章中，我们学习了一些基本的推理工具。有了这些工具，我们就可以直观地理解数据是如何影响信念的。但是还有一个关键问题有待解决，那就是如何量化这些工具。在概率论中，不能用"很小""很大"这样模糊的概念来描述信念，而是需要赋给它们真实的数值。这使我们可以创建理解这个世界的量化模型。通过这些模型，我们就能够看出数据可以在多大程度上改变信念，能够决定应该何时改变自己的想法，还能够切实了解自己目前的知识状况。本章将应用这个概念来量化事件的概率。

2.1 概率是什么

概率的概念在日常语言中根深蒂固。每当你说诸如"那似乎不太可能""如果不是这样的话我会很惊讶""我不太确定"时，你都是在说概率。概率度量的是我们对这个世界上某件事情的信念有多强烈。

在第 1 章中，我们用抽象、定性的术语描述了信念。要真正分析信念是如何产生和改变的，就需要通过量化 $P(X)$ 来准确地定义概率，即我们对 X 的信念有多强烈。

我们可以将概率看作逻辑的延伸和扩展。在基本逻辑中，有"真"与"假"两个值，它们分别对应绝对为真和绝对为假的信念。当说某件事情为真时，这意味着我们完全确定它是事实。虽然逻辑对许多问题来说很有用，但我们很少相信某件事情绝对为真或绝对为假。实际上，我们所做的每一个决定几乎总是存在某种程度的不确定性。概率对逻辑的扩展使我们能够处理真与假之间的不确定性。

计算机通常将"真"表示为 1，将"假"表示为 0。概率同样可以使用这个模型：$P(X) = 0$ 等

同于 $X=$ 假， $P(X)=1$ 则等同于 $X=$ 真。在 0 和 1 之间，存在无限多可能的取值。概率值接近 0 意味着我们更确定某件事情为假，而概率值接近 1 则意味着我们更确定某件事情为真。值得注意的是，概率为 0.5 意味着完全不能确定某件事情是真还是假。

逻辑的另一个重要部分是**否定**（negation）。当说"不为真"时，其意思是"为假"；同样，说"不为假"也就意味着"为真"。因为希望概率能以同样的方式工作，所以我们要确保 X 发生的概率和 X 不发生的概率之和等于 1（换句话说，要么 X 发生，要么 X 不发生）。这可以用下面的公式来表示。

$$P(X) + \neg P(X) = 1$$

注意：符号 $\neg$ 表示"否"或"非"的意思。

有了这样的关系，就总是能够用 $1-P(X)$ 求得 $\neg P(X)$ 的值。如果 $P(X)=1$，那么 $\neg X$ 的概率 $1-P(X)$ 肯定等于 0，这样才符合基本的逻辑规则。而如果 $P(X)=0$，那么 $\neg X$ 的概率则是 $1-P(X)=1$。

接下来的问题则是如何量化这种不确定性。我们可以任意选取数值，比如 0.95 表示非常确定，0.05 表示非常不确定。然而，与前面使用的抽象术语相比，这同样不能帮助我们确定概率，反而需要用形式化方法来计算概率。

2.2　通过对事件结果计数来计算概率

计算概率最常见的方法是对事件结果计数。对事件来说，有两组结果很重要。第一组是一个**事件**（event）的所有可能结果。就掷硬币来说，也就是"正面"和"反面"。第二组是你感兴趣的结果的计数。如果你认为出现正面就意味着你赢了，那么你自然只关注出现正面的情况（如果只掷一次硬币，那么只会有一种情况）。你感兴趣的事件可以是任何事情：掷硬币得到正面，感染流感，或者 UFO 落在你的窗外。给定你感兴趣的和你不感兴趣的这两组结果，那么所关注的是你感兴趣的结果数与所有可能结果数的比值。

就以掷硬币这个简单例子来说，可能的结果是硬币落地后正面朝上或反面朝上。第一步是对所有可能的事件进行统计，在这个例子中，有两个：出现正面或出现反面。在概率论中，用 Ω（大写的希腊字母 omega）来表示所有事件的集合，即：

$$\Omega = \{\text{正面, 反面}\}$$

我们想知道在一次掷硬币实验中得到正面的概率并写作 $P(\text{正面})$。然后来看一下，所关心结果的数量是 1，用它除以可能的结果总数 2：

$$\frac{\{正面\}}{\{正面, 反面\}}$$

就一次掷硬币实验来说，可以看出，在两种可能结果中，我们只关注其中一种，因此出现正面的概率为：

$$P(正面) = \frac{1}{2}$$

现在有一个更棘手的问题：掷 2 枚硬币时，至少出现一个正面的概率是多少？可能事件的集合现在就变得更复杂起来，它不再仅仅是 {正面, 反面}，而是所有可能的正面和反面组合，即：

$$\Omega = \{(正面, 正面), (正面, 反面), (反面, 反面), (反面, 正面)\}$$

为了计算出至少出现一个正面的概率，需要确认有多少组合符合条件，具体到这个例子中包括：

$$\{(正面, 正面), (正面, 反面), (反面, 正面)\}$$

如你所见，我们关心的事件集合中有 3 个元素，所有可能的组合则有 4 种。这意味着 P (至少出现一次正面) $= \frac{3}{4}$。

　　这些都是简单的例子，但如果能计算出所关心的事件数和可能事件的总数，你就能方便快捷地得出一个概率。可以想象，随着例子越来越复杂，手动计算每个可能的结果数变得越来越难。解决这类更难的概率问题往往会涉及一个被称为**组合学**（combinatorics）的数学领域。第 4 章将介绍如何使用组合学来解决一个更复杂的问题。

2.3　通过信念的比值来计算概率

　　对物理对象的事件进行计数是有用的，但对我们可能遇到的绝大多数现实概率问题来说，它的作用就没有那么大了，下面是几个例子。

- ❑ "明天下雨的概率有多大？"
- ❑ "你觉得她是公司的总裁吗？"
- ❑ "那是 UFO 吗？！"

几乎每天你都会根据概率做出无数的决定，但如果有人问你"你认为按时赶上火车的可能性有多大"，那么你无法用前面介绍的方法计算出对应的概率。

这意味着需要有另一种计算概率的方法，用来推理这些更抽象的问题。举个例子，假设你正在和一个朋友闲聊，朋友问你是否听说过"曼德拉效应"。因为你没有听说过，所以朋友继续告诉你："这是一种奇怪的现象，说的是很多人会记错某些事件。比如，很多人以为纳尔逊·曼德拉在 20 世纪 80 年代在监狱里去世。但奇怪的是，他被释放出狱后成为南非总统，直到 2013 年才去世！"你怀疑地对朋友说："这听起来像是网络流行心理学，我不认为会有人真的记错。我敢打赌，维基百科上不会有这个词条！"

这里，你想度量 P(维基百科上没有关于"曼德拉效应"的文章)。现在假设你处于一个没有手机信号的地方，所以你无法快速验证答案。你有很大的把握相信没有这样的文章，因此想为这个信念分配一个较高的概率，但你需要将这个概率形式化，为它分配一个介于 0 和 1 之间的值。你会从哪里开始呢？

你说到做到，决定用钱表明你的立场。你告诉朋友："这不可能是真的。这样吧，我们打个赌：如果没有关于'曼德拉效应'的文章，你给我 5 美元；如果有，我给你 100 美元！"打赌是一种很实用的方式，可以表达我们自己的信念有多坚定。你认为存在文章的可能性很小，如果你错了，你会给朋友 100 美元，而如果你对了，你只从他那里拿走 5 美元。因为讨论的是信念的量化问题，所以现在可以开始计算你认为维基百科上没有"曼德拉效应"相关文章的确切概率了。

2.3.1　通过胜算率计算概率

你朋友的假设是，有"曼德拉效应"的相关文章（ $H_{有相关文章}$ ），而你的假设则是没有（ $H_{没有相关文章}$ ）。

我们并没有具体的概率，但你通过给出打赌的**胜算率**（odds）表达了你对自己的假设有多大信心。胜算率是一种表示信念的常用方式，指的是猜错时你愿意付出的与猜对时能够获得的比值。胜算率通常用" m 比 n "来表示，也可以把它看成一个简单的比值： $\frac{m}{n}$ 。胜算率和概率之间有着直接的关系。

前面的例子可以用胜算率表示为"100 比 5"，那么怎样将它转化为概率呢？胜算率代表了你相信没有文章的程度是有文章的程度的多少倍。我们可以把它写成你相信没有相关文章的程度 $P(H_{没有相关文章})$ 与你朋友相信有相关文章的程度 $P(H_{有相关文章})$ 的比值，像下面这样：

$$\frac{P(H_{没有相关文章})}{P(H_{有相关文章})} = \frac{100}{5} = 20$$

从这两个假设的比值可以看出，你对没有相关文章这个假设的信念，是对有相关文章这个假设的信念的 20 倍。利用这个事实，再使用一些中学代数知识，就可以计算出你的假设的准确概率。

2.3.2　求解概率

我们关心的是假设的概率。这用等式表示为：

$$P(H_{没有相关文章}) = 20 \times P(H_{有相关文章})$$

可以将这个等式理解为"没有相关文章的概率是有相关文章概率的 20 倍"。

这时只有两种可能：要么有一篇关于"曼德拉效应"的维基百科文章，要么没有。由于这两种假设涵盖了所有可能，因此有相关文章的概率等于 1 减去没有相关文章的概率。等式中的 $P(H_{有相关文章})$ 可以用 $P(H_{没有相关文章})$ 表示为：

$$P(H_{没有相关文章}) = 20 \times (1 - P(H_{没有相关文章}))$$

下一步将等式右边的 $20 \times (1 - P(H_{没有相关文章}))$ 展开，即将括号内的两个部分都乘以 20，会得到：

$$P(H_{没有相关文章}) = 20 - 20 \times P(H_{没有相关文章})$$

等式两边同时加上 $20 \times P(H_{没有相关文章})$ 就可以将右边的 $P(H_{没有相关文章})$ 消除，同时使 $P(H_{没有相关文章})$ 仅在等式左边出现：

$$21 \times P(H_{没有相关文章}) = 20$$

最后等式两边同时除以 21，由此得到：

$$P(H_{没有相关文章}) = \frac{20}{21}$$

现在你有了一个明确定义的值，它介于 0 和 1 之间，可以作为具体的量化概率分配给你认为不存在"曼德拉效应"相关文章这一信念。我们可以用下面的公式来概括将胜算率转化为概率的过程：

$$P(H) = \frac{O(H)}{1 + O(H)}$$

当你需要给一个抽象的信念赋予概率时，想一想你会在这个信念上下多大的赌注。通常在实践中，这样做是很有帮助的。你可能会以 1 000 000 000 比 1 的胜算率打赌明天太阳会升起，也很可能会以低很多的胜算率打赌你最喜欢的棒球队会获胜。不管是哪种情况，你都可以通过刚才描述的步骤计算出相应信念的准确概率。

2.3.3 度量掷硬币实验中的信念

现在有一种方法，即利用胜算率来确定抽象想法的概率。能切实考验这种方法的**稳健性**（robustness）的是，它是否仍然适用于掷硬币实验（通过对结果计数来对其进行计算）。与其把掷硬币当作一个事件来考虑，不如将这个问题重新表述为"我在多大程度上相信下一次掷硬币会出现正面"。这样一来，我们讨论的不再是 $P(\text{正面})$，而是关于掷硬币实验的假设，或者说信念 $P(H_{\text{正面}})$。

像前面的例子一样，需要有一个备择假设进行比较。我们可以直接说备择假设是没有得到正面（$H_{\neg\text{正面}}$），但得到反面（$H_{\text{反面}}$）这个说法要更接近日常用语，所以我们选择后者。归根结底，我们关心的内容要有意义。无论如何，重要的是必须承认下面的等式成立：

$$H_{\text{反面}} = H_{\neg\text{正面}} \text{ 且 } P(H_{\text{反面}}) = 1 - P(H_{\text{正面}})$$

下面来看看，如何将信念建模为这些相互竞争的假设之间的比值：

$$\frac{P(H_{\text{正面}})}{P(H_{\text{反面}})} = ?$$

记住，我们要将它理解为"我认为结果为正面的可能性是为反面的可能性的多少倍"。就这个例子而言，因为每个结果的可能性相同，所以唯一公平的胜算率是 1 比 1。当然，只要这两个数值相等，就可以任意选择：2 比 2、5 比 5 或者 10 比 10 都可以。所有这些都有相同的比值：

$$\frac{P(H_{\text{正面}})}{P(H_{\text{反面}})} = \frac{10}{10} = \frac{5}{5} = \frac{2}{2} = \frac{1}{1} = 1$$

既然这两个数之间的比值总相等，可以直接重复前面计算维基百科上没有"曼德拉效应"相关文章的概率的过程。我们知道出现正面的概率和出现反面的概率之和一定是 1，同时知道这两个概率的比值也是 1。因此，关于这两个概率有下面的等式成立：

$$P(H_{\text{正面}}) + P(H_{\text{反面}}) = 1 \text{ 且 } \frac{P(H_{\text{正面}})}{P(H_{\text{反面}})} = 1$$

如果使用前文推导"曼德拉效应"时的方法求解 $P(H_{\text{正面}})$，你会发现这个问题唯一可能的解是 $\frac{1}{2}$。这与用第一种计算事件概率的方法得出的结果完全一样。这就证明了我们计算信念概率的方法足够稳健，可以用来计算事件的概率。

有了这两种方法，我们不禁要问：应该如何根据具体的情况在两种方法中做出选择？好消息是，由于它们是等效的，因此对于给定的问题，哪种方法简单就使用哪种方法。

2.4 小结

本章探讨了两种不同类型的概率：事件的概率和信念的概率。我们将概率定义为我们所关心的结果与所有可能结果的数量之比。

虽然这是最常见的概率定义，但它很难应用到信念上。因为大多数实际的日常概率问题并没有明确的结果，所以很难直观地分配离散的数值。

为了计算信念的概率，我们需要确定自己相信一种假设的程度是另一种假设的多少倍。一个很好的方式是，你愿意为自己的信念打什么样的赌。例如，你和一个朋友打赌，如果能证明 UFO 存在，你就会给他 1000 美元，而如果能证明 UFO 不存在，你只从他那里拿走 1 美元。这里你表达的就是，你认为 UFO 不存在的可能性是你认为它存在的 1000 倍。

掌握了这些工具，就可以计算各种问题的概率。在第 3 章中，你将学习如何在概率中运用基本的逻辑运算符 AND 和 OR。但在继续学习之前，不妨试着使用你在本章学到的知识完成下面的练习。

2.5 练习

试着回答以下问题，检验你是否理解如何将 0 和 1 之间的值赋给自己的信念。

(1) 掷 2 个有 6 面的骰子，所得到的点数之和大于 7 的概率是多少？

(2) 掷 3 个有 6 面的骰子，所得到的点数之和大于 7 的概率又是多少？

(3) 纽约洋基队与波士顿红袜队这两支职业棒球队正在比赛。你是波士顿红袜队的铁杆粉丝，并和朋友打赌他们会赢。如果波士顿红袜队输了，你会给朋友 30 美元；而如果他们赢了，朋友则给你 5 美元。请问，直觉上你认为波士顿红袜队会赢的概率有多大？

第 3 章

不确定性的逻辑

在第 2 章中，我们讨论了概率如何扩展逻辑学中的真值和假值，以及怎样用 0 和 1 之间的值表示概率。概率的力量在于它能够表示这两个极值之间的无限可能值。本章将讨论基于逻辑运算符的逻辑规则是如何应用于概率的。在传统逻辑中，有如下 3 个重要的运算符。

- ❑ AND
- ❑ OR
- ❑ NOT

有了这 3 个简单的运算符，就可以对传统逻辑中的任何论点进行推理。例如，思考下面这样一个语句：如果正在下雨，且我要出去，那么我就需要一把伞。此语句只包含一个逻辑运算符：AND。因为这个运算符，我们知道，如果下雨是真的，而且我要出去也是真的，那么我就需要一把伞。

也可以用其他运算符来表述这个语句：如果没有（NOT）下雨或者（OR）我不（NOT）需要出去，那么我就不需要雨伞。在这个例子中，我们通过基本的逻辑运算符和事实来决定何时需要雨伞，何时不需要雨伞。

然而，只有当事实绝对为真或绝对为假时，这种逻辑推理才有效。这个例子是要判断现在我是否需要雨伞。由于可以判断当前是否在下雨以及当前是否要出门，因此我可以很容易地判断是否需要雨伞。换个问题："明天我需要雨伞吗？"在这种情况下，事实就变得不确定起来，因为天气预报只能给出明天下雨的可能性，同时我也不能确定明天需要出门。

本章将详细说明如何通过 3 个逻辑运算符来处理概率问题，从而使我们能够像处理传统逻辑中的事实一样，对不确定的信息进行推理。我们已经知道如何在概率推理中定义 NOT：

$$\neg P(X) = 1 - P(X)$$

在本章的其余部分，我们将看到如何使用剩余的两个运算符 AND 和 OR 来组合概率，以便提供更准确、更有用的数据。

3.1 用 AND 组合概率

在统计学中，当讨论组合事件的概率时，需要使用 AND 运算符，举例如下：

- 掷硬币出现正面 AND 掷骰子掷出 6 点；
- 下雨了 AND 你忘了带雨伞；
- 中彩票了 AND 被闪电击中。

为了理解概率的 AND 运算，我们将从一个简单的例子开始。这个例子涉及掷一枚硬币和一个 6 面骰子。

3.1.1 求解组合事件的概率

假设我们想知道"掷硬币出现正面 AND 掷骰子掷出 6 点"的概率。已经知道的是，这两个事件各自发生的概率为：

$$P(正面) = \frac{1}{2}, \quad P(6点) = \frac{1}{6}$$

现在我们想知道这两个事件同时发生的概率是多少，即：

$$P(正面, 6点) = ?$$

这可以用第 2 章介绍的方法来计算：对关心的结果进行计数，然后除以总的结果数。

对于这个例子，让我们假设这两个事件是依次发生的。当我们掷硬币时，有两种可能的结果，即出现正面或出现反面，如图 3-1 所示。

图 3-1　掷硬币的两种可能结果

同时，对每一种可能的掷硬币结果，接着掷骰子都会出现 6 种可能的结果，如图 3-2 所示。

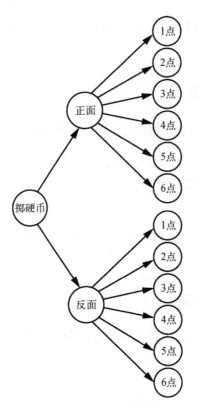

图 3-2   掷硬币和掷骰子的可能结果

利用这种可视化方式，我们可以直接计算出所有可能的结果数。掷硬币和掷骰子的实验共有 12 种可能的结果，而我们只关心其中的 1 种，所以：

$$P(\text{正面, 6点}) = \frac{1}{12}$$

现在我们有了解决这个特殊问题的方法。然而，我们真正想要的是一个通用的规则，以帮助我们计算任何组合事件的概率。来看看如何拓展这一解决方法。

3.1.2   应用概率的乘法法则

让我们继续使用同样的问题作为例子：掷硬币得到正面且掷骰子掷出 6 点的概率是多少。首先，我们需要计算掷出正面的概率。通过观察，我们可以看出在给定概率的情况下有多少条分支。我们只关注包含正面的分支，因为出现正面的概率是 $\frac{1}{2}$，所以我们就排除了一半的可能情况。接着，如果我们只看包含正面可能性的分支，就可以看到只有 $\frac{1}{6}$ 的机会得到我们想要的结果：掷一个 6 面骰子掷出 6 点。通过图 3-3，我们既能直观地看到整个推理过程，也能看到我们关注的结果只有一种。

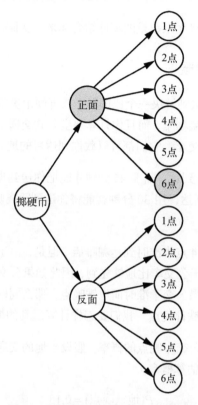

图 3-3　同时掷出正面和 6 点的概率

如果将这两个概率相乘，那么我们可以发现：

$$\frac{1}{2} \times \frac{1}{6} = \frac{1}{12}$$

这正是我们之前得到的答案，但我们并没有去数所有可能的事件，而是沿着分支计算我们所关心的事件的概率。对这样一个简单的问题来说，光靠看是很容易的，但我们之所以展示这一点，是因为它说明了概率与 AND 结合的一般规则：

$$P(A, B) = P(A) \times P(B)$$

因为我们将结果相乘，也就是取这些结果的乘积，所以将其称为概率的**乘法法则**（product rule）。

这个法则还可以进一步扩展，以包括更多的概率。如果将 $P(A, B)$ 看成是单一的概率，我们就可以重复这个过程，把它和第 3 个概率 $P(C)$ 结合起来：

$$P((A,B),C) = P(A,B) \times P(C) = P(A) \times P(B) \times P(C)$$

所以，我们可以利用乘法法则将无限数量的事件结合起来，从而得到最终的概率。

3.1.3　示例：计算迟到的概率

下面看一个示例，用乘法法则解决一个比掷骰子或掷硬币更复杂一些的问题。假设你答应朋友 4 点半一起到城市的另一边喝咖啡，而且你打算乘坐公共交通工具前往。现在是 3 点半，幸好你所在的地方既有地铁也有公交车，它们都可以载你到达目的地。

- 下一班公交车会在 3:45 到达，需要 45 分钟才能把你送到咖啡店。
- 下一班地铁会在 3:50 到达，用 30 分钟就能将你送到距离咖啡店不到 10 分钟步行路程的地方。

地铁和公交车都能让你在 4 点半准时到达咖啡店。但是，由于时间卡得太紧，因此任何延误都会让你迟到。好消息是，由于公交车比地铁先到，因此如果公交车晚点而地铁没有晚点，那么你还是能乘地铁准时到达。如果公交车准时而地铁晚点，那么同样不会耽误你的行程。唯一会让你迟到的情况就是公交车和地铁都晚点。我们要怎样计算迟到的概率呢？

首先，你需要知道地铁和公交车晚点的概率。假设当地的交通管理部门公布了这些数据（在后文中，将介绍如何根据数据估算概率）：

$$P(\text{地铁晚点}) = 0.15$$
$$P(\text{公交车晚点}) = 0.2$$

数据告诉我们，地铁有 15% 的时间会晚点，而公交车则有 20% 的时间会晚点。因为只有在地铁和公交车都晚点的情况下，你才会迟到，所以我们可以用乘法法则来解决这个问题：

$$P(\text{迟到}) = P(\text{地铁晚点}) \times P(\text{公交车晚点}) = 0.15 \times 0.2 = 0.03$$

即使地铁和公交车晚点的概率都不小，但它们同时晚点的概率要小得多，只有 0.03。我们也可以说，有 3% 的概率两者同时晚点。这样计算下来，你迟到的压力就不会有那么大了。

3.2　用 OR 组合概率

逻辑的另一个基本规则是用 OR 将概率组合起来，下面列举一些例子：

- 患上流感 OR 患上感冒；

❑ 掷硬币出现正面 OR 掷骰子掷出 6 点；

❑ 轮胎爆胎 OR 汽油用尽。

一个事件 OR 另一个事件发生的概率要稍微复杂一些，这是因为用 OR 组合起来的这些事件既可能是互斥的，也可能不是。如果一个事件发生意味着其他事件不可能发生，那么我们就说这些事件是互斥的。例如，掷骰子的可能结果就是互斥的，因为掷一次骰子不可能同时出现 1 点和 6 点。然而，在因为下雨或教练生病而导致棒球比赛取消这个例子中，这两个事件则不是互斥的，因为教练生病和下雨完全有可能同时发生。

3.2.1　计算用 OR 连接的互斥事件

用 OR 将两个事件连接起来的过程，从逻辑上来说很直观。如果有人问你："掷硬币时，得到正面或反面的概率是多少？"你可能会回答："是 1。"我们知道有如下概率：

$$P(\text{正面}) = \frac{1}{2}, \ P(\text{反面}) = \frac{1}{2}$$

直觉上，我们可能只是将这些事件的概率加在一起。我们之所以知道这样做可行，是因为正面和反面是仅有的可能结果，而所有可能结果的概率之和必然等于 1。如果所有可能事件的概率之和不等于 1，那么肯定是因为遗漏了某些结果。我们怎么知道，如果概率之和小于 1，就肯定遗漏了某些结果呢？

假设我们知道出现正面的概率 $P(\text{正面}) = \frac{1}{2}$，而有人声称出现反面的概率是 $P(\text{反面}) = \frac{1}{3}$。根据前面的内容我们知道，得不到正面的概率必然等于：

$$\text{NOT } P(\text{正面}) = 1 - \frac{1}{2} = \frac{1}{2}$$

由于得不到正面的概率是 $\frac{1}{2}$，而声称出现反面的概率只有 $\frac{1}{3}$，因此要么有遗漏的事件，要么出现反面的概率不正确。

由此可以看出，只要事件是互斥的，就可以直接将每个可能事件的概率相加而得到任一事件发生的概率，从而计算出一个事件 OR 另一个事件的概率。另一个例子是掷骰子，我们知道掷得 1 点的概率是 $\frac{1}{6}$，掷得 2 点的概率相同：

$$P(1\text{点}) = \frac{1}{6}, \ P(2\text{点}) = \frac{1}{6}$$

因此，可以进行同样的操作，将这两个概率相加，从而得出掷得 1 点或 2 点的组合概率等于 $\frac{2}{6}$ 或 $\frac{1}{3}$：

$$P(1点) + P(2点) = \frac{2}{6} = \frac{1}{3}$$

同样，这从直觉上看就很合理。

当然，加法法则仅适用于互斥结果之间的组合。在概率论中，互斥意味着：

$$P(A) \text{ AND } P(B) = 0$$

也就是说，同时得到 A 和 B 的概率为 0。可以看到，对我们的例子来说，这是成立的：

- 掷一枚硬币不可能同时得到正面和反面；
- 掷一次骰子不可能同时掷出 1 点和 2 点。

要真正理解将概率与 OR 结合起来的情况，需要看一看事件不互斥的情况。

3.2.2   对非互斥事件应用加法法则

再次以掷骰子和掷硬币为例，来看看掷出正面或掷出 6 点的概率。很多初学概率的人可能会天真地认为，在这种情况下同样可以将概率相加。由于我们已经知道 $P(正面) = \frac{1}{2}$，且 $P(6点) = \frac{1}{6}$，因此这两个事件发生其一的概率是 $\frac{4}{6}$，这乍一看似乎很有道理。然而，当我们计算出现正面或掷得的点数小于 6 的概率是多少时，就会发现这显然行不通。$P(小于6点) = \frac{5}{6}$，将这个概率加上 $P(正面)$ 会得到 $\frac{8}{6}$，这个值居然大于 1! 这显然违反了概率必须在 0 和 1 之间的规则，所以我们一定犯了什么错误。

这里的问题在于，出现正面和掷得 6 点这两个事件并不是互斥的。正如我们已经知道的，$P(正面, 6点) = \frac{1}{12}$，由于这两个事件同时发生的概率不为 0，因此根据定义，我们知道它们不是互斥的。

加法法则对非互斥事件不起作用的原因是，这样做会多计算一遍两件事同时发生的情况。作为一个重复计算的例子，让我们来看看将掷硬币和掷骰子组合起来的所有结果，其中掷硬币出现正面：

正面 – 1 点

正面 – 2 点

正面 – 3 点

正面 – 4 点

正面 – 5 点

正面 – 6 点

这代表了所有 12 种可能的结果中的 6 种，因为我们预期 $P(\text{正面}) = \dfrac{1}{2}$。现在让我们看看所有掷得 6 点的结果：

正面 – 6 点

反面 – 6 点

这代表了所有 12 种可能的结果中的两种，这两种情况都会得到 6 点，这也正是我们预期的，因为 $P(6\text{点}) = \dfrac{1}{6}$。由于有 6 种结果满足出现正面的条件，且有两种结果满足掷得 6 点的条件，因此我们可能会说，有 8 种结果表示出现正面或掷得 6 点。然而，这里存在重复计算，因为"正面 – 6点"这一结果在两种情况中都出现了。事实上，12 种结果中只有 7 种是满足条件的结果。如果直接将 $P(\text{正面})$ 和 $P(6\text{点})$ 相加，我们就会多算。

为了得到正确的概率，必须将两个事件的概率相加，然后再减去两个事件同时发生的概率。这就引出了非互斥事件与 OR 结合的规则，即所谓的概率**加法法则**（sum rule）：

$$P(A) \text{ OR } P(B) = P(A) + P(B) - P(A, B)$$

将两个事件发生的概率加起来，然后减去两个事件同时发生的概率，以确保同时发生的概率不会被计算两次，因为它既是 $P(A)$ 的一部分，也是 $P(B)$ 的一部分。再回到掷骰子和掷硬币的例子，掷得 6 点或出现正面的概率是：

$$P(\text{正面 OR 6点}) = P(\text{正面}) + P(6\text{点}) - P(\text{正面}, 6\text{点})$$

$$= \frac{1}{2} + \frac{1}{6} - \frac{1}{12} = \frac{7}{12}$$

再来看一下本章最后一个用 OR 连接的例子，以便加深自己的理解。

3.2.3 示例：计算受到巨额罚款的概率

设想一个新的场景：在一次公路旅行中，你刚刚因为超速而被拦在路边。你意识到已经有一段时间没有发生这种情况了，而且自己很可能忘记把新的车辆行驶本或新的保险单放入储物箱。

如果缺少其中任何一项,你都会收到一张巨额罚单。在打开储物箱之前,你会如何分配因遗忘其中任何一个证件而收到巨额罚单的概率?

你确信自己将新行驶本放在了车上,所以你给新行驶本在车上分配的概率为 0.7。同时,你也很确定将新保险单落在了家里的桌子上,所以你给新保险单在车上分配的概率仅为 0.2。因此:

$$P(新行驶本在车上) = 0.7$$
$$P(新保险单在车上) = 0.2$$

然而,它们只是这些证件在车上的概率,你很担心是否忘记带它们了。为了得到它们不在车上的概率,只需使用逻辑非运算:

$$P(新行驶本不在车上) = 1 - P(新行驶本在车上) = 0.3$$
$$P(新保险单不在车上) = 1 - P(新保险单在车上) = 0.8$$

如果我们通过相加的方式而不是加法法则来计算组合概率,就会发现所得的概率大于 1:

$$P(新行驶本不在车上) + P(新保险单不在车上) = 1.1$$

这是因为这两个事件是非互斥的:你完全有可能两个证件都忘记带了。因此,直接相加会重复计算。这意味着我们需要计算出两个证件都不在的概率,然后再将这个概率减去。我们可以用乘法法则来计算这个概率:

$$P(新行驶本不在车上, 新保险单不在车上) = 0.24$$

现在我们可以用加法法则来确定这两个证件中的任意一个不在车上的概率,就像前面计算出现正面或掷出 6 点的概率一样:

$$P(不在车上) = P(新行驶本不在车上) + P(新保险单不在车上)$$
$$- P(新行驶本不在车上, 新保险单不在车上) = 0.86$$

既然这两个重要证件中的任意一个不在车上的概率为 0.86,那么你应该确保在问候警官时表现得格外友好!

3.3 小结

在本章中,通过学习将 AND 和 OR 与概率组合的规则,我们发展了完整的不确定性逻辑。让我们回顾一下到目前为止所讨论过的逻辑规则。

在第 2 章中,我们学习了概率是用 0 和 1 之间的值来度量的。0 表示**假**(肯定不会发生),1

表示**真**（肯定会发生）。第 1 条重要的逻辑规则是对于用 AND 将两个事件组合起来的情况，我们使用乘法法则来计算其概率。简单地说，要得到两个事件同时发生的概率 $P(A, B)$，我们只需将它们各自的概率相乘：

$$P(A, B) = P(A) \times P(B)$$

第 2 条规则是用加法法则求解用 OR 将两个事件组合起来的概率。加法法则的棘手之处在于，如果将非互斥事件的概率相加，就会重复计算它们同时发生的概率，所以我们必须在求和后减去两个事件同时发生的概率。加法法则利用乘法法则解决了这个问题（记住，对互斥事件来说，总是有 $P(A, B) = 0$ 成立）：

$$P(A \text{ OR } B) = P(A) + P(B) - P(A, B)$$

这两个规则，再加上第 2 章介绍的规则，使我们能够解决许多问题。在本书的其余部分，我们将使用这些规则作为概率推理的基础。

3.4 练习

试着回答以下问题，检验你是否理解概率的逻辑。

(1) 用有 20 面的均匀骰子连续 3 次掷出 20 点的概率是多少？

(2) 天气预报说明天有 10%的概率会下雨，并且你平常出门会有一半的时间忘记带伞。请问明天你忘记带伞而被雨淋的概率是多少？

(3) 生鸡蛋被沙门氏菌污染的概率是 $\dfrac{1}{20\ 000}$。如果你吃了两个生鸡蛋，那么其中一个有沙门氏菌的概率是多少？

(4) 在两次掷硬币实验中都出现正面或在 3 次掷骰子实验中都掷出 6 点的概率是多少？

第 4 章
创建二项分布

在第 3 章中，我们学习了一些与常见逻辑运算符（AND、OR 和 NOT）相对应的基本概率法则。在本章中，我们将使用这些法则来创建本书的第一个**概率分布**（probability distribution）。概率分布是一种描述所有可能事件以及每个事件发生概率的方法，它通常采用可视化的形式，以使统计学更容易为广大读者所接受。我们将通过定义一个函数来得出概率分布，这个函数可以概括一组特定的概率问题。这意味着我们可以通过创建一个分布来计算各种情况下的概率，而不仅仅是计算某个特定情况下的概率。

我们需要观察每个问题的共同部分并将其抽象出来，以扩大应用范围。统计学家给出的这种方法，让解决各种问题变得更加容易。当问题非常复杂，或者一些必要的细节未知时，这种方法尤其有用。在这些情况下，我们都可以通过已经充分理解的概率分布，来估计我们所不完全理解的现实世界的行为。

概率分布对于解决可能值范围的问题也非常有用。例如，可以用概率分布来确定一个客户年收入在 3 万美元和 4.5 万美元之间的概率，确定一个成年人身高超过 6 英尺 10 英寸（约等于 208 厘米）的概率，或者确定 25% ~ 35% 的网页访问者会注册账号的概率。许多概率分布涉及非常复杂的方程，我们可能需要一些时间来适应。不过，所有的概率分布方程都可以从前面几章所讲的基本概率法则中推导出来。

4.1　二项分布的结构

本章的主题是**二项分布**（binomial distribution），即在给定实验次数和成功概率的情况下，计算取得一定次数的成功结果的概率。二项分布中的"二项"是指我们关注的可能结果有两种：一个事件发生和一个事件没有发生。如果有两个以上的结果, 则称为**多项分布**(multinomial distribution)。以下示例问题的概率都服从二项分布:

- 在 3 次掷硬币实验中出现 2 次正面;
- 购买 100 万张彩票至少中奖 1 次;
- 在 10 次掷 20 面骰子的实验中掷出 20 点的次数小于 3 的概率。

这些问题都有类似的结构。事实上, 所有的二项分布都会涉及下面 3 个参数:

- k 是我们关心的结果所出现的次数;
- n 是实验的总次数;
- p 是事件发生的概率。

这些参数都是概率分布的输入。例如, 我们要计算 3 次掷硬币实验中出现 2 次正面的概率, 则:

- $k = 2$, 我们关心的事件的发生次数, 在这里是出现正面的次数;
- $n = 3$, 掷硬币的次数;
- $p = \dfrac{1}{2}$, 在一次掷硬币实验中出现正面的概率。

通过创建一个二项分布来概括此类问题, 我们就可以很容易地解决任何涉及这 3 个参数的类似问题。表示二项分布的速记符号如下:

$$B(k;n,p)$$

这里所举的掷 3 次硬币的例子, 可以写作 $B\left(2;3,\dfrac{1}{2}\right)$, 其中 B 是二项分布的简称。需要注意的是, k 与其他参数之间用分号隔开。这是因为当讨论一个值的分布时, 我们通常关心的是在给定 n 和 p 的情况下 k 的所有可能取值。 $B(k;n,p)$ 代表分布中的每个值, 但整个分布通常被简写为 $B(n,p)$ 。

下面让我们更仔细地分析这个分布, 看看如何通过构建一个函数来将所有这些问题都概括为二项分布。

4.2 理解并抽象出问题的细节

要了解创建分布如何简化概率, 最好的方法就是从一个具体的例子开始, 尝试解决这个问题, 然后从中抽象出尽可能多的变量。我们继续以计算 3 次掷硬币实验中出现 2 次正面的概率为例。

由于可能的结果数不多，因此可以很快地用纸笔写出所关心的结果。3 次掷硬币中出现 2 次正面的结果有 3 种可能：

正正反, 正反正, 反正正

现在你可能很想直接解决这个问题，先列举所有其他可能的结果，然后用我们关心的结果数除以可能的结果总数（在这个例子中为 8）。对解决这个问题来说，此方法很有效，但是我们这里的目的是，在给定事件发生概率的情况下，解决任何从若干次实验中得到一组结果的问题。如果我们不进行归纳拓展，只解决这类问题的个例，那么参数改变就意味着我们还要解决新的问题。比如，"4 次掷硬币实验中出现 2 次正面的概率是多少？"这就需要我们想出另一个解决方法。相反，我们能使用概率法则来分析这个问题。

为了进行归纳，我们将这个问题分解成能立即解决的小块，并把这些小块简化为可以处理的方程。在建立方程时，我们将把它们放在一起，创建一个二项分布的广义函数。

首先要注意的是，我们关心的每个结果都有相同的概率，而且每个结果都只是其他结果的重新排序：

$$P(\{正面, 正面, 反面\}) = P(\{正面, 反面, 正面\}) = P(\{反面, 正面, 正面\})$$

既然这样，我们就可以直接称之为 $P(期望结果)$。

这里共有 3 种结果，一次只有一种可能发生，而且我们不在乎是哪一种。正是因为一次只有一种结果可能发生，所以我们知道这些结果是互斥的。用概率表示就是：

$$P(\{正面, 正面, 反面\}, \{正面, 反面, 正面\}, \{反面, 正面, 正面\}) = 0$$

这样就可以直接使用概率的加法法则了。现在我们可以将之总结为：

$$P(\{正面, 正面, 反面\} \text{ OR } \{正面, 反面, 正面\} \text{ OR } \{反面, 正面, 正面\})$$
$$= P(期望结果) + P(期望结果) + P(期望结果)$$

当然，3 个相同的值相加就等于：

$$3 \times P(期望结果)$$

现在，我们有了一种简明的方法来表示所关心的结果，但就一般化而言，3 这个值是该问题所特有的。用一个名为 $N_{结果}$ 的变量替换 3 就可以将这个特有的值换成通用的值，这样我们就得到了如下公式：

$$B(k; n, p) = N_{结果} \times P(期望结果)$$

现在，我们必须解决两个子问题：如何计算所关心结果的数量，以及如何确定期望结果发生的概率。一旦解决了这两个子问题，一切就都迎刃而解！

4.3 用二项式系数计算结果数量

首先，需要在给定 k（我们所关心结果的出现次数）和 n（实验次数）的情况下，计算出预期结果的数量。这个数量较小时，可以直接去数。例如，在计算 5 次掷硬币实验中出现 4 次正面的概率时，我们很快就能知道关心的结果有 5 种：

$$反正正正正, 正反正正正, 正正反正正, 正正正反正, 正正正正反$$

然而，用不了多长时间，手动计数就会变得非常困难。例如，计算在 3 次掷骰子实验中掷出两个 6 点的概率是多少。

这仍然是一个二项分布问题，因为可能的结果只有两种：掷出了 6 点和掷出的不是 6 点，但是有更多的事件属于"掷出的不是 6 点"。如果开始列举，我们很快就会发现整个过程很乏味，即使是这个只涉及 3 次掷骰子的小问题：

$$
\begin{array}{c}
6-6-1 \\
6-6-2 \\
6-6-3 \\
\vdots \\
4-6-6 \\
\vdots \\
5-6-6 \\
\vdots
\end{array}
$$

显然，列举所有可能结果的这个方法甚至都无法应用到相当小的问题上。所以，这个问题的解决方法是使用组合学。

4.3.1 组合学：用二项式系数进行高级计数

如果了解一下被称为**组合学**（combinatorics）的数学领域，我们就可以对这个问题有更深的了解。它其实只是一种高级计数方法的名称。

在组合学中，有一种特殊的运算叫作二项式系数，它表示我们从 n 个中选择 k 个的方法数量——也就是说，从总的实验次数中选择我们所关心的结果。二项式系数的记法如下所示：

$$\binom{n}{k}$$

我们将这个表达式读为"从 *n* 个中选择 *k* 个"。举例来说，我们把"在 3 次掷硬币实验中出现 2 次正面"表示为：

$$\binom{3}{2}$$

这个运算的定义是：

$$\binom{n}{k} = \frac{n!}{k! \times (n-k)!}$$

其中!表示**阶乘**（factorial），也就是从 1 到!前这个数的所有整数的乘积，包括!前的这个数。例如，$5! = 5 \times 4 \times 3 \times 2 \times 1$。

大多数数学编程语言用 choose() 函数来计算二项式系数，例如在 R 语言中，可以调用下面的语句来计算 3 次掷硬币出现 2 次正面时的二项式系数：

```
choose(3,2)
>>3
```

有了这个计算所关心结果数的通用运算，就可以将通用的计算公式更新如下：

$$B(k; n, p) = \binom{n}{k} \times P(\text{期望结果})$$

来回顾一下 P(期望结果)，它是指在 3 次掷硬币实验中出现 2 次正面的任何一种可能组合的概率。在前面的等式中，我们将这个值作为占位符，但实际上我们并不知道如何计算它。现在我们的拼图上唯一缺少的一块就是如何计算 P(期望结果)。搞清这个问题之后，我们就可以轻松地解决这一类问题了。

4.3.2　计算期望结果的概率

P(期望结果) 表示我们关心的任何可能事件的发生概率。到目前为止，我们一直都将 P(期望结果) 作为这类问题的答案，但它只是一个变量。现在我们需要弄清楚如何精确地计算这个值。让我们来看看在 5 次掷硬币实验中出现 2 次正面的概率，只看符合这个条件的一个结果：正正反反反。

我们知道掷一次硬币出现正面的概率是 $\frac{1}{2}$，但为了更好地概括这个问题，将它作为 P(正面) 来处理，这样就不会被固定的概率值所束缚。利用第 3 章介绍的乘法法则和逻辑非，可以将这个问题描述为：

$$P(正面, 正面, 非正面, 非正面, 非正面)$$

或者更详细地描述为："掷硬币出现正面、正面、非正面、非正面和非正面的概率。"

我们知道，根据事件与其否事件的关系，可以将"非正面"表示为$1 - P(正面)$。这样我们就可以使用乘法法则解决余下的问题：

$$P(正面, 正面, 非正面, 非正面, 非正面)$$
$$= P(正面) \times P(正面) \times (1 - P(正面)) \times (1 - P(正面)) \times (1 - P(正面))$$

用指数将这个乘积简化为：

$$P(正面)^2 \times (1 - P(正面))^3$$

如果将所有这些放在一起，我们会发现：

$$P(5次掷硬币出现2次正面) = P(正面)^2 \times (1 - P(正面))^3$$

从这里可以看出，$P(正面)^2$和$(1 - P(正面))^3$的指数分别是正面和非正面的出现次数，它们分别等于我们关心的结果数量k和实验次数减去我们关心的结果数量$n - k$。由此，我们可以将所有这些放在一起，建立下面这个更通用的公式，其中不再含有与某个具体例子直接相关的数字：

$$\binom{n}{k} \times P(正面)^k \times (1 - P(正面))^{n-k}$$

现在我们用p来代替$P(正面)$，使整个公式适用于任何概率，而不仅仅是出现正面的概率。这样就得到了下面这个通用的答案，其中k是所关心结果的出现次数，n是实验的次数，p则是单个结果出现的概率：

$$B(k; n, p) = \binom{n}{k} \times p^k \times (1 - p)^{n-k}$$

有了这个公式，我们就可以解决任何与掷硬币结果相关的问题。例如，可以这样计算在24次掷硬币实验中正好出现12次正面的概率：

$$B\left(12; 24, \frac{1}{2}\right) = \binom{24}{12} \times \left(\frac{1}{2}\right)^{12} \times \left(1 - \frac{1}{2}\right)^{24-12} = 0.1612$$

在学习二项分布之前，解决这个问题要棘手得多！

这个公式是二项分布的基础，它一般被称为**概率质量函数**（probability mass function，PMF）。"质量"一词来自这样一个事实，即当给定 n 和 p 时，可以计算任意 k 的概率，这就是概率的质量。

例如，可以把 10 次掷硬币实验中 k 的所有可能取值代入到 PMF 中，并将所有可能值的二项分布可视化，如图 4-1 所示。

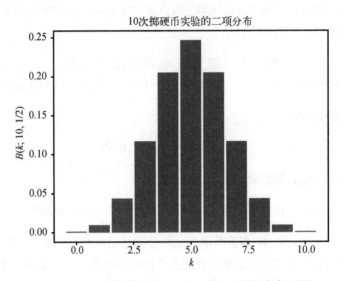

图 4-1   10 次掷硬币实验中出现 k 次正面的概率条形图

我们也可以看一下 10 次掷 6 面骰子实验中掷出 k 次 6 点的概率分布，如图 4-2 所示。

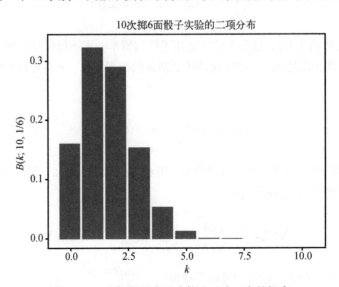

图 4-2   10 次掷骰子实验中掷出 k 次 6 点的概率

正如你所看到的，概率分布是对整类问题进行概括的一种方法。得到概率分布之后，我们就有了一个强大的方法，可以解决各种各样的问题。但请记住，我们是从简单的概率规则中推导出这个分布的。下面来测试一下。

4.4 示例：扭蛋游戏

扭蛋游戏是一种手机游戏。玩家可以用虚拟的游戏币购买虚拟卡牌。问题在于，所有的卡牌都是随机的，所以当玩家购买卡牌时，他们无法选择买到的是哪种卡牌。由于并非所有的卡牌都令人满意，因此玩家不断被引导从牌堆中抽牌，直到他们拿到自己想要的牌。下面将分析二项分布如何帮助我们确定在虚拟的扭蛋游戏中自己所承担的风险。

来看这样一个场景。假设你在玩一款叫作《贝叶斯争霸》的新手机游戏。当前有一组卡牌，叫作卡牌池，你可以从中抽牌。卡牌池中既有一些普通牌，也有一些更有价值的特色牌。正如你想的那样，《贝叶斯争霸》中的所有牌面上的人物都是著名的概率学家和统计学家。卡牌池中的特色牌以及它们被抽中的概率如下所示。

❑ 托马斯·贝叶斯：0.721%

❑ E. T. 杰恩斯：0.720%

❑ 哈罗德·杰弗里斯：0.718%

❑ 安德鲁·格尔曼：0.718%

❑ 约翰·克鲁斯克：0.714%

这些特色牌的出现概率仅为 0.035 91。因为概率之和必然为 1，所以非特色牌的出现概率为 0.964 09。此外，我们认为卡牌池中有无穷多的牌，也就是说，抽到一张特定的牌后并不会改变抽到其他牌的概率，或者说，抽到的任何牌都不会从卡牌池中消失。这和从一副扑克牌中抽出一张真正的牌而没有把它放回去就重新洗牌是不同的。

你非常希望抽到 E. T. 杰恩斯牌，这样你组建的精英贝叶斯团队就能完整。不幸的是，你必须购买游戏币（贝叶斯币）才能够抽牌。抽一张牌要花一个贝叶斯币。现在有一个特价活动，你只需花费 10 美元就可以购买 100 个贝叶斯币。这是你愿意在这款游戏上花费的最大金额，而且这是在至少有一半机会抽到自己想要的牌时。这就意味着，只有当抽到你十分想要的 E. T. 杰恩斯牌的概率大于或等于 0.5 时，你才会购买贝叶斯币。

显然，我们可以将抽到 E. T. 杰恩斯牌的概率套入二项分布公式中，看看结果是多少：

$$\binom{100}{1} \times 0.007\,20^1 \times (1 - 0.007\,20)^{99} \approx 0.352$$

所得结果小于 0.5，所以应该选择放弃购买贝叶斯币。等等，我们忘了一件很重要的事！利用前面的公式，只计算了得到一张 E. T. 杰恩斯牌的概率，但其实我们有可能抽到两张 E. T. 杰恩斯牌，甚至是 3 张！所以这里真正要计算的是抽到一张以上 E. T. 杰恩斯牌的概率。我们可以将这个式子写出来：

$$\binom{100}{1} \times 0.007\,20^1 \times (1-0.007\,20)^{99} + \binom{100}{2} \times 0.007\,20^2 \times (1-0.007\,20)^{98} +$$

$$\binom{100}{3} \times 0.007\,20^3 \times (1-0.007\,20)^{97} \ldots$$

以此类推，你可以用贝叶斯币最多抽 100 张牌，这样写下去真的很无趣，因此我们用特殊的数学符号 $\sum$（大写希腊字母 sigma）来简写上述式子：

$$\sum_{k=1}^{100} \binom{100}{k} \times 0.007\,20^k \times (1-0.007\,20)^{100-k}$$

$\sum$ 是求和符号，它底部的数表示计算的初始值，顶部的数则表示计算的结束值。所以这个式子表示，将 k 从 1 到 100 的每个二项分布的值相加，其中的概率 p 等于 0.007 20。

现在将这个问题写下来已经很容易了，但实际上我们需要计算出这个值。与其拿出计算器来解决这个问题，不如现在就开始使用 R 语言。在 R 语言中，可以使用 pbinom() 函数自动求出 k 的所有值对应的 PMF。图 4-3 显示了如何使用 pbinom() 帮助我们计算这个特定问题。

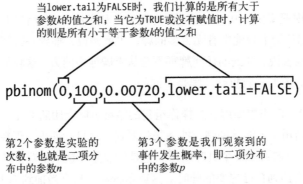

图 4-3　使用 pbinom() 函数解决《贝叶斯争霸》问题

　　pbinom() 函数有 4 个参数，其中前 3 个参数是必需的，第 4 个参数 lower.tail（默认值为 TRUE）是可选的。当 lower.tail 为 TRUE 时，该函数会对所有小于等于第一个参数 k 的概率进行求和；当它为 FALSE 时，该函数会对所有严格大于第一个参数 k 的概率进行求和。通过将第一个参数设置为 0，我们求出的是得到一张或多张 E. T. 杰恩斯牌的概率。之所以将 lower.tail 设置为 FALSE，是因为我们希望得到的值大于第一个参数（默认情况下，得到的值小于第一个参数）。第 2 个参数代表 n，即实验次数；第 3 个参数代表 p，即成功的概率。

如果输入相应的值作为参数，并将 lower.tail 设置为 FALSE，如下列式子所示，R 语言将计算出你的 100 个贝叶斯币至少抽到一张 E. T. 杰恩斯牌的概率：

$$\sum_{k=1}^{100} \binom{100}{k} \times 0.007\ 20^k \times (1 - 0.007\ 20)^{100-k} \approx 0.515$$

尽管得到一张 E. T. 杰恩斯牌的概率只有 0.352，但至少得到一张 E. T. 杰恩斯牌的概率足够大，值得你冒险。所以掏出那 10 美元，将你的精英贝叶斯团队组建完整吧！

4.5 小结

在本章中，我们看到可以使用概率规则（结合组合学中的一个技巧）构建出通用的方法，来解决一整类的概率问题。对于任何涉及在 n 次实验中出现 k 次结果的概率问题，其中结果的发生概率为 p，都可以使用二项分布轻松解决：

$$B(k; n, p) = \binom{n}{k} \times p^k \times (1 - p)^{n-k}$$

令人惊讶的也许是，这条规则除了计数和应用概率规则外，并没有其他内容。

4.6 练习

试着回答以下问题，检验一下你对二项分布的理解程度。

(1) 如果我们掷一个 20 面的骰子 12 次，掷出 1 点或 20 点的概率服从二项分布，请问此二项分布的参数是多少？

(2) 一副牌除大王和小王外有 52 张，其中有 4 张 A。如果抽出一张牌，把牌放回去后重新洗牌，再抽出一张牌，这样抽牌 5 次，只抽出一张 A 的方法有多少种？

(3) 还是第 2 题的例子，如果抽牌 10 次，抽出 5 张 A 的概率是多少（记住，抽出一张牌后，你要将这张牌放回去，再重新洗牌）？

(4) 当你在寻找一份新工作时，手上有多份录用函是很有帮助的，这样你就可以用它们进行谈判。如果你面试时有 $\frac{1}{5}$ 的概率会收到录用函，一个月内你面试了 7 家公司，那么到这个月结束时，你至少拿到 2 份录用函的概率是多少？

(5) 你收到一堆招聘邮件，发现在未来一个月内将有 25 个面试机会。不幸的是，你知道这会让你筋疲力尽，而如果你累了，那么得到录用的概率会降到 $\frac{1}{10}$。你真的不想参加这么多的面试，除非你最少有 2 倍的机会拿到至少 2 份录用函。是去参加 25 次面试，还是坚持只参加 7 次面试？哪个更有可能让你至少拿到 2 份录用函？

第 5 章

β 分布

基于二项分布背后的思想，本章将介绍另一种概率分布：β 分布（beta distribution）。如果你已经观察了很多次实验，知道成功结果的数量，就可以用 β 分布来估计一个事件的概率。例如，到目前为止，你已经观察了 100 次掷硬币实验，其中 40 次正面朝上，那么你可以用它来估计掷硬币正面朝上的概率。

在探索 β 分布的同时，我们还要看一看概率论和统计学之间的区别。概率论课本通常会明确地给出事件概率。然而，在现实生活中很难做到这一点。相反，我们得到的是数据，需要用这些数据去估算概率。这就是统计学的作用：它让我们利用数据，对所处理的概率进行估计。

5.1 一个奇怪的场景：获取数据

来看一下本章的场景。一天，你走进一家古玩店。店主向你打招呼，在你看了一会儿之后，他问你是否在找什么特别的东西。你回答说自己想看看他的店里最奇怪的东西。他微笑着从柜台后面掏出了一个黑盒子递给你。这个黑盒子和魔方差不多大，看起来很重。你好奇地问："它能做什么？"

店主指出，盒子的顶部和底部各有一条狭长的口子。他告诉你："如果你放一枚 25 美分的硬币到上面的口子里，有时会从下面的口子里出来两个！"听店主这么一说，你跃跃欲试，想看看这是不是真的。于是，你从口袋里掏出一枚 25 美分的硬币放了进去。你等了一会儿，但什么也没有发生。然后店主又说："有时候它只会吞掉你的硬币。我用这个东西已经有一段时间了，从来没有看到过它吐硬币或是吞得太多而不能再吞！"

你对此感到困惑，希望能用上你新掌握的概率技能，于是你问道："吐出两枚硬币的概率是多少？"店主也很疑惑："我也不知道。如你所见，它只是一个黑盒子，没有任何说明。我只知道它的行为：有时你能拿回两枚硬币，有时它会吞掉你的硬币。"

5.1.1 区分概率、统计和推理

虽然这是一个不太寻常的场景，但它实际上体现了一个极其平常的概率问题。在截至目前的所有例子中，除了第 1 章外，我们知道所有可能发生的事件的概率，或者知道我们愿意在这些事件上下注多少。在现实生活中，几乎无法确定任何事件的确切概率，而我们能做的只有观察事件并获取数据。

这通常被认为是概率论和统计学的分野。在概率论中，我们确切地知道所有事件的概率，而我们关注的则是某些观察结果的可能性有多大。例如，我们会被告知在一次公平的掷硬币实验中得到正面的概率为 $\frac{1}{2}$，而我们想知道在 20 次掷硬币实验中得到 7 次正面的概率。

在统计学中，我们会反过来看这个问题：假设你观察到掷硬币 20 次出现正面 7 次，那么在一次掷硬币中得到正面的概率是多少？如你所见，在这个例子中，我们不知道概率是多少。从某种意义上说，统计学就是概率论的反面。在给定数据的情况下，求出概率的任务叫作**推理**（inference），它是统计学的基础。

5.1.2 收集数据

统计推理的核心是数据。到目前为止，我们只有一份关于黑盒子的数据：你放进去了一枚 25 美分的硬币，却什么也没得到。我们现在只知道，你很有可能会损失这 25 美分。但店主说你能赢钱，我们还不确定。

我们想估算黑盒子吐出两枚硬币的概率。要做到这一点，首先需要多试几次看看赢钱的频率。

店主告诉你，他和你一样好奇，只要你把赢来的钱还给他，他很乐意捐出一卷硬币——这卷硬币价值 10 美元，共有 40 个 25 美分的硬币。你又放进去了一枚硬币，值得高兴的是，有两枚硬币被吐出来了！现在我们有了两份数据：这个黑盒子有时确实会吐出两枚硬币，有时又只吞掉硬币。

现在思考我们观察到的两个结果：一个是我们输了硬币，另一个是我们赢了硬币。你可能会天真地猜测，$P(\text{两枚硬币}) = \frac{1}{2}$。然而，由于我们的数据十分有限，因此对这个黑盒子吐出两枚硬币的真实概率仍然要考虑一系列的可能性。为了收集更多的数据，你决定用完剩下的硬币。最终，算上自己拿出来的第一枚硬币，你得到如下数据：

赢 14 次

输 27 次

不做任何进一步分析，你可能想直接将自己的猜测由"$P(\text{两枚硬币}) = \dfrac{1}{2}$"更新为"$P(\text{两枚硬币}) = \dfrac{14}{41}$"。但是你原来的猜测如何呢？新获得的数据是否意味着真实的概率绝对不可能是 $\dfrac{1}{2}$？

5.1.3 计算可能性的概率

为了解决这个问题，我们来看看这两种可能的概率。它们只是我们对神秘盒子吐出两枚硬币比例的假设：

$$P(\text{两枚硬币}) = \frac{1}{2} \quad \text{与} \quad P(\text{两枚硬币}) = \frac{14}{41}$$

为了简化问题，我们给每个假设分配一个变量 H：

$$H_1 : P(\text{两枚硬币}) = \frac{1}{2}$$

$$H_2 : P(\text{两枚硬币}) = \frac{14}{41}$$

直觉上，大多数人会认为 H_2 更有可能，因为这正是我们观察到的结果，但我们需要从数学上证明这一点。

可以从每个假设对我们所看到内容的解释程度来思考这个问题，直白地说就是：如果 H_1 为真，那么我们观察到的内容发生的可能性要比 H_2 为真时大吗？事实证明，我们可以用第 4 章介绍的二项分布轻松计算出这两个概率。具体到这个例子，已知 $n = 41$，$k = 13$，现在假设 $p = H_1$ 或 H_2，同时用 D 来表示获得的数据。把相应的值代入二项分布公式，就可以得到如下结果（回想一下，你可以利用在第 4 章中学到的二项分布公式进行计算）：

$$P(D \mid H_1) = B\left(14; 41, \frac{1}{2}\right) \approx 0.016$$

$$P(D \mid H_2) = B\left(14; 41, \frac{14}{41}\right) \approx 0.130$$

换句话说，如果 H_1 为真，即得到两枚硬币的概率是 $\dfrac{1}{2}$，那么在 41 次实验中观察到吐出两枚硬币

14 次的概率约为 0.016。然而，如果 H_2 为真，即黑盒子吐出两枚硬币的真实概率是 $\frac{14}{41}$，那么观察到同样结果的概率则约为 0.130。

这表明，在目前观察到的数据下（在 41 次实验中得到两枚硬币的情况发生了 14 次），H_2 发生的概率几乎是 H_1 的 10 倍！然而这也表明，这两个假设都不是不可能的；当然，我们还可以根据现有的数据做出许多其他假设。例如，可以将现有的数据理解为 $H_3 : P(\text{两枚硬币}) = \frac{15}{42}$。如果我们想寻找一种规律性的模式，也可以从 0.1 到 0.9 中选一个作为吐出两枚硬币的概率，以 0.1 为单位递增，然后计算观察到的数据在每一个分布中的概率，并由此进行假设。图 5-1 说明了在后一种情况下，观察到的数据在每个分布下的概率。

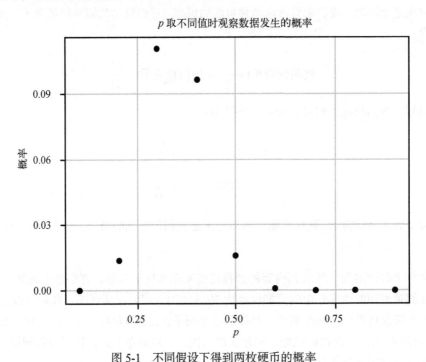

图 5-1　不同假设下得到两枚硬币的概率

即使有了以上这些假设，也不可能涵盖所有的可能性，因为我们不是在与有限的假设打交道。所以，让我们通过测试更多的分布来获得更多的信息。如果我们重复上一次的实验，但从 0.01 开始到 0.99 结束，每次增加 0.01，验证其中的每个可能情形，就会得到图 5-2 中的结果。

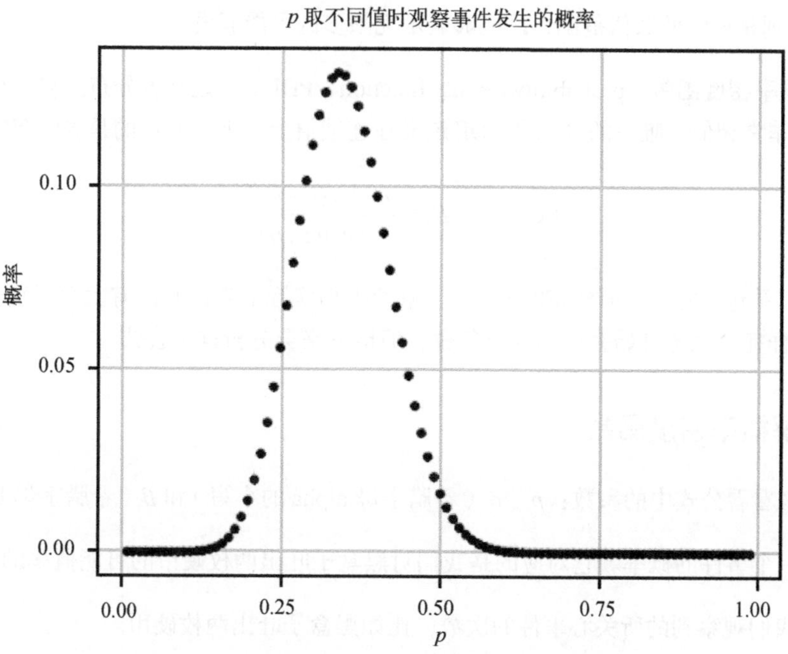

图 5-2 当观察更多的假设时就会出现明显的规律

我们可能无法验证每一种可能的假设，但很明显，这里出现了明显的规律：我们认为自己看到了代表黑盒子行为的分布。

这似乎是很有价值的信息：很容易看出哪里的概率最高。然而，我们的目标是在所有可能的假设中建立自己的信念模型（也就是我们的信念的全概率分布）。我们的方法存在两个问题。第一，由于有无限多的可能假设，因此即使以更小的量递增，也仍然不能准确地代表所有的可能性——遗漏的数量仍然有无限多。在实践中，这并不是一个大问题，因为我们通常不会在意 0.000 001 和 0.000 001 1 这样的极端值，但如果我们能更准确地表示这种无限的可能性，那么数据会更有用。

第二，如果仔细地观察图 5-2，你可能已经注意到这里有一个更大的问题：现在至少有 10 个点的值大于 0.1，而我们还能添加无数个这样的点。这意味着概率之和并不等于 1！根据概率规则，我们知道，所有可能假设的概率相加一定等于 1。如果它们相加小于 1，那就说明遗漏了某些假设；而如果它们相加大于 1，那么说明我们违反了概率必须在 0 和 1 之间的规则。即使这里有无限多的可能性，它们的总和仍然需要等于 1。这就需要用到 β 分布。

5.2 β 分布

为了解决这两个问题，我们将使用 β 分布。二项分布可以很好地分解为离散值，与此不同，

β 分布表示的则是连续的数值范围，这能够表示无限多的可能假设。

我们用**概率密度函数**（probability density function，PDF）来定义 β 分布。它与在二项分布中使用的 PMF 非常相似，唯一的区别是 PDF 定义在连续值上。下面显示的是 β 分布的 PDF 公式：

$$\mathrm{Beta}(p; \alpha, \beta) = \frac{p^{\alpha-1} \times (1-p)^{\beta-1}}{\mathrm{beta}(\alpha, \beta)}$$

现在这个公式看起来要比二项分布的公式吓人得多！但实际上它们并没有太大区别。我们不会像处理 PMF 那样完全从零开始去构建这个公式，但接下来会分析这个公式。

5.2.1 分解概率密度函数

我们先来看看公式中的参数：p、α（希腊字母 alpha 的小写）和 β（希腊字母 beta 的小写）。

p 代表一个事件的概率。它对应的是我们对黑盒子吐出两枚硬币的可能概率的不同假设。

α 代表我们观察到的所关心事件的次数，比如黑盒子吐出两枚硬币。

β 代表我们关心的事件不发生的次数。具体到这个例子，也就是黑盒子吞掉硬币的次数。

实验的总次数是 $\alpha + \beta$。这与二项分布不同：在二项分布中，k 是我们感兴趣的事件的发生次数，n 是实验的总次数。

PDF 的上半部分看起来应该很熟悉，因为它几乎与二项分布的 PMF 相同。二项分布的 PMF 是下面这样的：

$$B(k; n, p) = \binom{n}{k} \times p^{k} \times (1-p)^{n-k}$$

PDF 的分子不再是 $p^{k} \times (1-p)^{n-k}$，而是 $p^{\alpha-1} \times (1-p)^{\beta-1}$，指数项需要分别减 1。在分母中还有另外一个函数：beta 函数（注意是小写），β 分布的名称就来源于此。我们从指数项中减去 1，并使用 beta 函数归一化所得的值——这可以确保分布之和为 1。beta 函数是 $p^{\alpha-1} \times (1-p)^{\beta-1}$ 从 0 到 1 的**积分**。5.2.3 节将更详细地讨论积分，现在你可以把它看作 $p^{\alpha-1} \times (1-p)^{\beta-1}$ 的所有可能值的和，其中 p 的取值为 0 和 1 之间的任意数。至于从指数项中减 1 然后除以 beta 函数怎么就能使我们所得的值归一化，这个问题超出了本章的讨论范围。现在你只需要知道，这能使概率之和为 1，也就是给了我们一个可用的概率。

我们最后得到了这样一个函数：它描述的是每个可能假设的概率，这些假设是我们相信从盒子里得到两枚硬币的概率,前提是给定我们已经观察到一种结果出现 α 次、另一种结果出现 β 次。请记住,我们通过比较不同的二项分布(每个分布都有自己的概率 p)对数据的描述程度得出了 β 分布。换句话说,β 分布代表了所有可能的二项分布对观察结果的最高描述程度。

5.2.2   将概率密度函数应用于我们的问题

将观察黑盒子所得的数据代入 β 分布并作图,即可得到图 5-3。可以看出它很像图 5-2,只不过更顺滑。图 5-3 展示的是 Beta(14, 27) 的概率密度函数曲线。

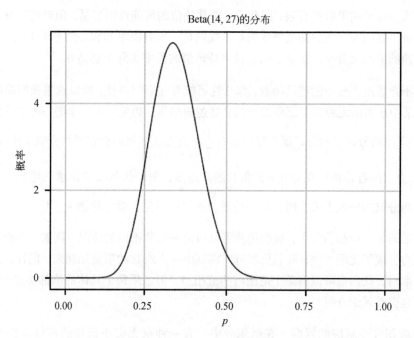

图 5-3   将我们收集的关于黑盒子的数据代入 β 分布

可以看到,该图的密度大部分小于 0.5,正如我们所期望的那样。数据显示,吐出两枚硬币的次数还不到向黑盒子里放硬币次数的一半。

该图还显示,黑盒子不太可能至少有一半的时间会吐出两枚硬币,这正是我们在不断向黑盒子里放硬币时要考虑的收支平衡点。在没有赔掉很多硬币的情况下,我们已经知道,通过这个黑盒子赔钱的概率要比赢钱的概率大。虽然通过图 5-3 可以看出信念的分布,但我们还是希望能够准确地量化自己相信"黑盒子返回两枚硬币的概率小于 0.5"的程度。要做到这一点,我们只需要懂一点微积分(和 R 语言)。

5.2.3　用积分量化连续分布

β 分布与二项分布有着根本的不同。在二项分布中，我们关注的是 k 的分布，即我们关心的结果数量的分布，这个数量总是可以计数的。但是在 β 分布中，我们关注的是 p 的分布，而它又有无限多的可能取值。这就引出了一个有趣的问题，如果以前学过微积分，你可能会很熟悉这个问题。（如果没有学过也没有太大关系！）还以前面的 $\alpha = 14$、$\beta = 27$ 为例，我们想知道：吐出两枚硬币的可能性是 $\dfrac{1}{2}$ 的概率是多少？

由于二项分布的结果数量有限，因此求一个精确值的可能性很容易，但对连续分布来说，这是一个非常棘手的问题。我们知道概率的基本规则是，所有概率的和必然等于 1。但在连续分布里，每个单独的值都无穷小，这就意味着任何特定值的概率实际上都是 0。

如果你不熟悉微积分中的连续函数，那么这可能看起来很奇怪，所以这里我们简单地解释一下。这只是某个东西由无穷多个部分组成的必然逻辑结果。想象一下，你把一块 1 千克重的巧克力（相当大！）平均分成了两份，那么每份就有 $\dfrac{1}{2}$ 千克重。如果你把它平均分成了 10 份，那么每份将重 $\dfrac{1}{10}$ 千克。随着你将巧克力分成的份数越来越多，每一份就会变得越来越小，小到你甚至看不见它。当分成的份数无穷大时，每一份就会小得看不见，就好像消失了！

即使单独的每一份都消失了，我们仍然可以讨论一定范围内的情况。例如，即使将一块 1 千克重的巧克力分成了无限多块，我们仍然可以将其中一半块数的重量加起来。同样，当讨论连续分布中的概率时，我们也可以将某个范围内的值相加。但如果每个具体的值都接近于 0，那么它们的和是不是仍然等于 0 呢？

这就是微积分要解决的问题。在微积分中，有一种求无穷小值和的特殊方法，叫作**积分**（integral）。如果想知道黑盒子返回硬币的概率是否小于 0.5（也就是值在 0 和 0.5 之间），那么我们可以这样求和：

$$\int_0^{0.5} \frac{p^{14-1} \times (1-p)^{27-1}}{\text{beta}(14, 27)}$$

如果你不太懂微积分，那么请记住，其实拉伸后的 S 就是积分符号，它在连续函数中所起的作用就相当于离散函数中的 Σ。它其实只是表示我们想把函数的所有值相加（阅读附录 B 可以帮助你快速了解微积分的基本原理）。

即使这里的数学令你生畏，也不要太担心！我们将使用 R 语言进行相应的计算。R 语言中有一个名为 dbeta() 的函数，它就是 β 分布的 PDF。这个函数有 3 个参数，分别对应 p、α 和 β。将它和 integrate() 函数一起使用就可以自动计算积分。现在我们计算在给定数据的情况下，从黑盒子中得到两枚硬币的机会是 0.5 的概率。

```
> integrate(function(p) dbeta(p,14,27),0,0.5)
```

所得结果如下：

```
0.9807613 with absolute error < 5.9e-06
```

之所以出现**绝对误差**（absolute error），是因为计算机不能完美地计算积分，而总会有一些误差。不过通常情况下误差很小，我们不用担心。R 语言计算出的这个结果告诉我们，根据目前观察到的数据，从黑盒子中得到两枚硬币的真实概率小于 0.5 的概率高达 0.98。这意味着往黑盒子里放更多的硬币不是好主意，因为你很有可能会输钱。

5.3 逆向解构扭蛋游戏

在现实生活中，我们几乎永远不知道事件的真实概率。这就是为什么 β 分布是我们理解数据最强大的工具之一。在第 4 章的扭蛋游戏中，我们知道想抽出的每张牌的概率。在现实中，游戏开发者不太可能给玩家提供这些信息，原因有很多（比如不想让玩家计算出自己得到想要的牌的可能性有多小）。现在假设我们正在玩一款新出的扭蛋游戏，即《频率论捍卫者》，其中的卡牌角色同样是著名的统计学家。这一次，我们想抽到布拉德利·埃夫隆这张卡牌。

我们不知道抽到这张卡牌的概率，但我们真的很想要——如果有可能，多多益善。我们花了一大笔钱，发现从 1200 张卡牌中，我们只抽到了 5 张布拉德利·埃夫隆卡牌。我们有个朋友正在考虑玩这款游戏，但只有在抽到布拉德利·埃夫隆卡牌的机会大于 0.005 的概率超过 0.7 的情况下，他才会真的花钱去玩这款游戏。

这个朋友想让我们帮他计算一下，他是否应该花钱去玩这款游戏。我们的数据表示，在抽出的 1200 张卡牌中，只有 5 张是布拉德利·埃夫隆卡牌，所以我们可以将其直观地表示为 Beta(5, 1195)，如图 5-4 所示（记住，抽出的总牌数是 $\alpha + \beta$）。

抽出一张布拉德利·埃夫隆卡牌的概率分布：Beta(5, 1195)

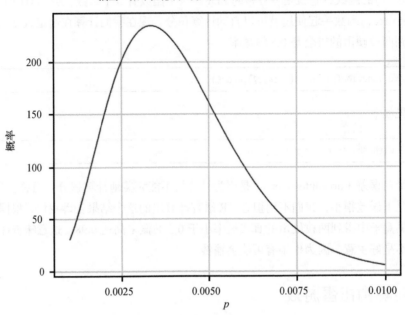

图 5-4   给定数据下的布拉德利·埃夫隆卡牌的 β 分布

从图 5-4 中我们可以看到，几乎所有的概率密度都低于 0.01。我们想知道到底有多大的可能大于 0.005，也就是我们朋友关心的值。可以像前面一样，通过用 R 语言对 β 分布进行积分来解决这个问题。

```
integrate(function(x) dbeta(x,5,1195),0.005,1)
0.29
```

这告诉我们，根据所观察到的数据，抽到布拉德利·埃夫隆卡牌的概率大于或等于 0.005 的概率只有 0.29。而只有当概率为 0.7 或者更大时，我们的朋友才会抽到这张卡牌。因此，根据收集到的数据，我们的朋友不应该去碰运气。

5.4   小结

在本章中，我们学习了 β 分布，它与二项分布密切相关，其起作用的方式却大不相同。我们通过观察大量可能的二项分布对数据的解释程度建立了 β 分布。由于假设的数量无穷多，因此我们需要一个连续的概率分布来描述所有的假设。β 分布让我们能够表示自己对所有可能结果的出现概率有多大信心。这使得我们能够对观察到的数据进行统计推理，其方式是通过确定将哪些概率分配给一个事件以及确定自己相信每个概率的程度，这就是表示概率范围的概率。

β 分布与二项分布的主要区别在于，β 分布是一个连续的概率分布。由于在分布中有无限多的值，因此我们不能像在离散概率分布中那样对结果进行求和，而是需要使用微积分对一定范围内的数值进行求和。幸运的是，我们可以使用 R 语言代替手动求解复杂的积分。

5.5 练习

试着回答以下问题，检验一下你对使用 β 分布进行概率估算的理解程度。

(1) 你想用 β 分布来判断自己拥有的一枚硬币是否是一枚均匀的硬币，也就是说，这枚硬币出现正面和反面的机会一样。掷这枚硬币 10 次，出现正面 4 次，反面 6 次。利用 β 分布，计算这枚硬币在 60%以上的情况下出现正面的概率。

(2) 你继续掷这枚硬币 10 次，现在共出现正面 9 次，反面 11 次。根据我们对"均匀"一词的定义，在误差不超过 5%的情况下，请问这枚硬币均匀的概率是多少？

(3) 用数据证明是让你对自己的论断更有信心的最佳方法。你继续抛掷这枚硬币 200 次，最终出现 109 次正面，111 次反面。还是在误差不超过 5%的情况下，请问这枚硬币均匀的概率是多少？

第二部分

贝叶斯概率和先验概率

第 6 章

条件概率

到目前为止，我们只讨论了独立事件的概率。当一个事件的结果不影响另一个事件的结果时，这两个事件就是独立事件。例如，掷硬币时出现正面并不影响掷骰子是否会掷出 6 点。计算独立事件的概率要比计算非独立事件的概率容易得多，但独立事件往往并不能反映现实生活。例如，闹钟不响和上班迟到就不是独立事件。如果闹钟没有响，你上班迟到的可能性就要比其他时候大得多。

在本章中，你将学习如何分析条件概率，即事件的概率不是独立的，而是取决于特定事件的结果。此外，我还将介绍条件概率最重要的应用之一：贝叶斯定理。

6.1　条件概率

条件概率的第一个例子将研究流感疫苗和接种疫苗可能出现的并发症。当在美国接种流感疫苗时，你通常会收到知情同意书。它告诉你与之相关的各种风险，其中之一是吉兰–巴雷综合征（Guillain-Barré syndrome，GBS）的发病率会增加。GBS 是一种非常罕见的疾病，它会造成人体的免疫系统攻击神经系统，从而导致潜在的、危及生命的并发症。根据美国疾病控制与预防中心的数据，在某个特定年份，人们患上 GBS 的概率为 2/100 000。这个概率可以表示为：

$$P(\text{GBS}) = \frac{2}{100\ 000}$$

通常情况下，流感疫苗只会稍微增加患上 GBS 的概率，但 2010 年暴发了猪流感，如果你在那一年接种了流感疫苗，患上 GBS 的概率就会上升到 3/100 000。在本例中，患上 GBS 的概率直接取决于你是否接种了流感疫苗。这是一个条件概率的例子。我们将条件概率表示为 $P(A\,|\,B)$，即在事件 B 发生的条件下事件 A 发生的概率。在数学上，我们将在接种流感疫苗的条件下患上 GBS

的概率表示为：

$$P(\text{患上GBS}\,|\,\text{接种流感疫苗}) = \frac{3}{100\,000}$$

这种表示读为"在接种流感疫苗的情况下，患上 GBS 的概率是十万分之三"。

6.1.1 为什么条件概率很重要

条件概率是统计学的重要组成部分，因为它使我们能够证明信息是如何改变信念的。在流感疫苗的例子中，如果不知道某人是否接种了疫苗，那么你可以说他患 GBS 的概率是 $\frac{2}{100\,000}$，因为这是人群中的任何一个人在那一年患 GBS 的概率。如果这一年是 2010 年并且这个人告诉你他打了流感疫苗，那么你就知道，他患 GBS 的真正概率是 $\frac{3}{100\,000}$。我们也可以计算这两个概率的比值，就像下面这样：

$$\frac{P(\text{GBS}\,|\,\text{接种流感疫苗})}{P(\text{GBS})} = 1.5$$

因此，如果你在 2010 年接种过流感疫苗，我们就有足够的信息相信你比一个随机挑选的人患 GBS 的可能性高 50%。幸运的是，在个人层面上，每个人患 GBS 的概率仍然很低；但如果把人群作为一个整体，那么我们可以预计，接种过流感疫苗的人群患 GBS 的概率要比普通人群高 50%。

还有许多其他因素可能会增加人们患 GBS 的概率，例如，男性和老年人患 GBS 的可能性更大。使用条件概率，我们就可以将所有这些信息综合在一起，从而更好地估计每个人患 GBS 的概率。

6.1.2 依赖性与概率法则的修订

来看条件概率的第二个例子：色盲症。色盲是一种视力缺陷，患有色盲症的人难以辨别某些颜色。在普通人群中，大约有 4.25% 的人是色盲。绝大多数的色盲病例是遗传性的。色盲症是由 X 染色体上的基因缺陷引起的。由于男性只有一条 X 染色体，而女性有两条 X 染色体，因此男性更易受到 X 染色体缺陷的不良影响，从而患有色盲的概率约为女性的 16 倍。因此，虽然整个人群的色盲率为 4.25%，但女性是 0.5%，而男性则是 8%。在下面的计算中，我们将这样简化假设：人口中男女的比例正好是 $\frac{50}{50}$。用条件概率来表示这些事实即：

$$P(色盲) = 0.0425$$
$$P(色盲 \mid 女性) = 0.005$$
$$P(色盲 \mid 男性) = 0.08$$

给定了这些信息，如果从人群中随机选一个人，请问他是男性色盲的概率是多少？在第 3 章中，我们学习了如何使用乘法法则将概率与 AND 结合起来。根据乘法法则，上述问题的预期答案是：

$$P(男性, 色盲) = P(男性) \times P(色盲) = 0.5 \times 0.0425 = 0.021\,25$$

但当使用条件概率的乘法法则时，这就出问题了。如果我们试着找出女性色盲的概率，这个问题就会更清楚：

$$P(女性, 色盲) = P(女性) \times P(色盲) = 0.5 \times 0.0425 = 0.021\,25$$

这不可能是对的，因为这两个概率计算出来是一样的！我们知道，虽然男性或女性出现的概率是一样的，但如果是女性，那么她患有色盲症的概率要比男性低得多。我们的公式本应该可以解释这样一个事实：随机挑选一个人，他（她）患有色盲症的概率取决于性别。第 3 章给出的乘法法则只有在事件独立的情况下才有效，而这里的性别和患有色盲症并不是独立的事件。

因此，男性色盲出现的真正概率是男性出现的概率乘以他是色盲的概率。在数学上，可以将它写成：

$$P(男性, 色盲) = P(男性) \times P(色盲 \mid 男性) = 0.5 \times 0.08 = 0.04$$

对这个答案进行概括后，可以将乘法法则重写为：

$$P(A, B) = P(A) \times P(B \mid A)$$

这个公式也适用于独立事件的概率，因为对独立事件来说，$P(B) = P(B \mid A)$。想一想掷硬币出现正面和掷骰子出现 6 点的情况，这个等式就更直观了，因为掷骰子与掷硬币这两个事件相互独立，那么 $P(6点)$ 等于 $\frac{1}{6}$，$P(6点 \mid 正面)$ 也等于 $\frac{1}{6}$。

还可以重新定义加法法则来解释这个事实：

$$P(A \text{ OR } B) = P(A) + P(B) - P(A) \times P(B \mid A)$$

现在就可以利用在本书第一部分学到的概率逻辑规则来处理条件概率了。

关于条件概率和统计的依赖性，需要注意的一个重要问题是，在现实中要知道两个事件的关系往往是很困难的。例如，我们可能想知道某人拥有一辆皮卡且上下班时间超过一小时的概率。

虽然我们可以提出很多理由表明其中一个事件可能依赖另外一个事件（比如，很多拥有皮卡的人住在郊区，很少通勤），但我们可能找不到数据来证明这一点。假设两个事件独立（即使它们很可能不是）是统计学中非常常见的做法。但是，就像前面计算男性色盲概率的例子一样，这种假设有时会产生非常严重的错误。虽然独立性假设通常是出于实际需要，但我们不能忘记依赖性的影响有多大。

6.2　逆概率和贝叶斯定理

关于条件概率，我们能做的最神奇的一件事情就是，将条件颠倒过来计算其所依赖事件的概率。也就是说，我们可以通过 $P(A|B)$ 计算出 $P(B|A)$。举个例子，假设你正在给一家色盲矫正眼镜公司的客服代表发送电子邮件。这款眼镜有点贵，于是你在邮件中说自己担心眼镜可能不起作用。客服代表回复说："我也是色盲，我自己也有一副，效果非常好！"

我们想知道这位客服代表是男性的概率，但是除了工号之外，这位客服代表没有提供任何其他信息。那么，怎样才能算出这位客服代表是男性的概率呢？

我们知道 $P(色盲|男性)=0.08$，$P(色盲|女性)=0.005$，但 $P(男性|色盲)$ 该如何确定呢？直觉上，我们认为客服代表是男性的可能性更大，但这需要量化才能确定。

庆幸的是，我们拥有解决这个问题所需的全部信息，而且知道要解决的问题是，在已知色盲的情况下问此客服代表是男性的概率：

$$P(男性|色盲) = ?$$

贝叶斯统计的核心是数据，除了现有的概率，现在我们只有一条数据：客服代表是色盲。下一步就需要求出总人口中色盲的比例，然后，我们就可以搞清楚色盲人群中有多少是男性了。

为了帮助分析，我们增加一个新的变量 N，用它代表总人口的数量。如前所述，首先需要计算出色盲人群的总数。我们知道出现色盲的概率 $P(色盲)$，因此可以写出下面这部分等式：

$$P(男性|色盲) = \frac{?}{P(色盲) \times N}$$

下一步需要计算出人群中男性色盲的人数。这很简单，因为已经知道 $P(男性)$ 和 $P(色盲|男性)$，而且乘法法则已经更新。直接用概率乘以总人口就可得出男性色盲的人数：

$$P(男性) \times P(色盲|男性) \times N$$

因此，在已知客服代表患有色盲症的情况下，他是男性的概率是：

$$P(\text{男性} \mid \text{色盲}) = \frac{P(\text{男性}) \times P(\text{色盲} \mid \text{男性}) \times N}{P(\text{色盲}) \times N}$$

等式右边的分子和分母中都有总人口数 N，可以消除，因此有：

$$P(\text{男性} \mid \text{色盲}) = \frac{P(\text{男性}) \times P(\text{色盲} \mid \text{男性})}{P(\text{色盲})}$$

现在我们可以直接求解这个问题了，因为余下的数据都有：

$$P(\text{男性} \mid \text{色盲}) = \frac{P(\text{男性}) \times P(\text{色盲} \mid \text{男性})}{P(\text{色盲})} = \frac{0.5 \times 0.08}{0.0425} \approx 0.941$$

根据计算，我们知道这位客服代表是男性的概率高达 94.1%！

6.3 贝叶斯定理

在前面的公式中，实际上并没有任何专门针对色盲示例的内容，所以我们可以将它推广到任何给定事件 A 和事件 B 的概率上。这样做，我们就得到了本书最基本的公式——贝叶斯定理：

$$P(A \mid B) = \frac{P(A) \times P(B \mid A)}{P(B)}$$

为了理解贝叶斯定理如此重要的原因，我们来看看这个问题的一般形式。信念描述了我们所知道的世界，当观察到某件事情时，它的条件概率就代表了在我们相信的前提下自己所见事情的可能性，即：

$$P(\text{观察} \mid \text{信念})$$

例如，你相信气候正在变化，因此你假设所居住的地区 10 年内会发生更多的干旱。你的信念是气候变化正在发生，你的观察结果是所在地区的干旱次数。假设过去 10 年里发生过 5 次干旱。如果在过去的 10 年里确实发生了气候变化，要确定你在过去 10 年中刚好观察到 5 次干旱的概率有多大，这可能会很困难。一种方法是咨询气候专家，询问他们在气候的确发生变化的假设下出现干旱的概率。

在这一点上，你所要做的只是去问一下："如果我相信气候变化是真的，那么观察到 10 年发生 5 次干旱的概率有多大？"但你想要的是，有某种方法来量化自己有多相信气候真的在发生变化。贝叶斯定理允许你将咨询气候学家的概率 $P(\text{观察} \mid \text{信念})$ 反转，求解出在给定观察的情况下信念的概率，即：

$$P(信念 \mid 观察)$$

在这个例子中，贝叶斯定理允许你将 10 年内观察到的 5 次干旱转化为一个陈述，表达在观察到这些干旱之后你对气候变化的信念有多强。你还需要的其他信息是，10 年内发生 5 次干旱的一般概率（可以用历史数据估计）和你相信气候变化的初始概率。虽然大多数人相信气候变化的初始概率会有所不同，但贝叶斯定理可以让你准确量化数据对信念的改变程度。

如果气候专家说假设气候变化正在发生，那么 10 年内发生 5 次干旱是非常有可能的。大多数人可能会因此改变之前的信念，并且会更支持气候变化这一观点，不管他们以前是否持怀疑态度。

然而，如果气候专家告诉你说，即使气候变化正在发生，10 年内发生 5 次干旱的可能性也非常小，那么你先前对气候变化的信念会因为与数据相左而略有减弱。这里的关键是，贝叶斯定理允许数据改变我们对信念的相信程度。

贝叶斯定理允许我们将对世界的信念与数据结合起来，然后根据我们观察到的情况把这种结合转化为对信念强度的估计。很多时候，信念只是我们对一个想法的初始确定程度，也就是贝叶斯定理中的 $P(A)$。我们经常会争论一些话题，比如增加考试能否提高学生的成绩，或者公共医疗能否降低整体医疗成本。但是我们很少思考数据如何改变了我们以及与我们辩论的人的想法。贝叶斯定理允许我们分析关于这些信念的数据，并精确地量化这些数据到底能够改变我们的信念多少。

在后面的章节中，你会看到如何比较信念，以及数据竟然无法改变信念的情况。（任何在晚餐时与亲戚争论过的人都可以为此证明！）

在第 7 章中，我们将花更多的时间来讨论贝叶斯定理。我们会再一次推导它，不过这次是用乐高积木，这样就可以清楚直观地看到它是如何工作的。我们还将探讨如何更准确地对现有的信念进行建模，从而理解贝叶斯定理。

6.4 小结

在本章中，我们学习了条件概率，它是指一个事件发生的概率依赖于另一个事件。条件概率的处理比独立事件的概率更复杂——必须更新乘法法则来解释概率的依赖性——由此我们推导出了贝叶斯定理。这为理解如何使用数据来更新自己对世界的看法奠定了基础。

6.5 练习

试着回答以下问题，检验一下你对条件概率和贝叶斯定理的理解程度。

(1) 还需要什么信息才能够通过贝叶斯定理确定 2010 年患 GBS 的人群也接种了流感疫苗的概率?

(2) 从人群中随机选择一个人,这个人是女性且非色盲的概率有多大?

(3) 一名男性在 2010 年接种了流感疫苗,他是色盲或患有 GBS 的概率有多大?

第7章

贝叶斯定理和乐高积木

在第 6 章中，我们学习了条件概率，并得出了概率论中的一个非常重要的定理——贝叶斯定理，如下所示。

$$P(A \mid B) = \frac{P(B \mid A)P(A)}{P(B)}$$

请注意，这里对第 6 章的公式做了一个很小的改动，把 $P(A)P(B \mid A)$ 写成了 $P(B \mid A)P(A)$。虽然意思是一样的，但有时改变一下表达方式有助于将不同的方法说清楚。

利用贝叶斯定理，可以将条件概率倒置。也就是说，知道了概率 $P(B \mid A)$，就可以求出 $P(A \mid B)$。贝叶斯定理是统计学的基础，因为它能够通过给定信念下观察结果的概率判断给定观察结果下信念的强度。例如，知道感冒时你打喷嚏的概率，就可以倒过来判断打喷嚏时你感冒的概率。这样，我们就用数据更新了自己对世界的信念。

本章将使用乐高积木可视化贝叶斯定理，以帮助你巩固学到的这个数学定理。为此，我们拿出了一些乐高积木，将一些具体的问题代入贝叶斯公式。图 7-1 显示了 6×10 的乐高积木区域，这个区域共有 60 个凸粒（凸粒是乐高积木上的圆柱形凸起，可以将积木彼此连接起来）。

图 7-1   用包含 6×10 个凸粒的乐高积木可视化可能的事件空间

把这些凸粒想象成 60 个可能的、互斥的事件。例如，左边深色的凸粒可以表示通过考试的 40 名学生，而右边浅色的凸粒则表示没有通过考试的 20 名学生（全班共 60 名学生）。在这 60 个凸粒中，有 40 个是深色的，如果将手指随意放在上面，接触到深色凸粒的概率就是：

$$P(深色凸粒) = \frac{40}{60} = \frac{2}{3}$$

同理，接触到浅色凸粒的概率则等于：

$$P(浅色凸粒) = \frac{20}{60} = \frac{1}{3}$$

正如所料，接触到深色凸粒和浅色凸粒的概率之和是 1：

$$P(深色凸粒) + P(浅色凸粒) = 1$$

这意味着，仅浅色凸粒和深色凸粒就完全可以描述所有可能的事件集。

现在，在这两种颜色的乐高积木上放一块白色的乐高积木来表示其他的可能性，例如那些通宵学习的学生。现在乐高积木看上去如图 7-2 所示。

图 7-2 在包含 6×10 个凸粒的乐高积木上放一块 3×2 个凸粒的积木

如果随机选择一个凸粒，那么触摸到白色凸粒的概率是：

$$P(\text{白色凸粒}) = \frac{6}{60} = \frac{1}{10}$$

如果将 $P(\text{白色凸粒})$ 加到 $P(\text{浅色凸粒}) + P(\text{深色凸粒})$ 上，就会得到一个大于 1 的概率，而这是不可能的。

当然，问题出在白色凸粒位于浅色凸粒空间和深色凸粒空间之上，所以触摸到白色凸粒是有条件的，这个条件就是：是否在浅色凸粒空间或深色凸粒空间之上。我们根据第 6 章的内容知道，可以将这个条件概率表示为 $P(\text{白色凸粒}\,|\,\text{浅色凸粒})$，或者表述为在浅色凸粒上出现白色凸粒的概率。结合前面的例子，它表示的是没有通过考试的学生通宵学习的概率。

7.1 直观地计算条件概率

回到乐高积木，计算概率 $P(\text{白色凸粒}\,|\,\text{浅色凸粒})$。图 7-3 可以让这个问题更直观。

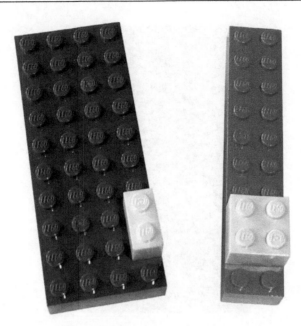

图 7-3   可视化 P(白色凸粒 | 浅色凸粒)

下面梳理一遍通过物理表示法来计算 P(白色凸粒 | 浅色凸粒) 的过程。

(1) 将浅色乐高积木与深色乐高积木分开。

(2) 计算整个浅色凸粒对的数量。它包含 2×10 个凸粒，即 20 个凸粒。

(3) 计算浅色凸粒上方白色凸粒的数量，即 4 个凸粒。

(4) 用白色凸粒的数量除以浅色凸粒的数量。

这样就计算出了 P(白色凸粒 | 浅色凸粒) $= \dfrac{4}{20} = \dfrac{1}{5}$。

太好了，我们计算出了浅色凸粒上出现白色凸粒的条件概率。目前为止还算顺利。如果现在将条件概率颠倒过来，那么 P(浅色凸粒 | 白色凸粒) 又是多少呢？简单地说，如果知道自己触摸到的是白色凸粒，那么它下面是浅色凸粒的概率有多大呢？或者回到考试的例子，如果一个学生通宵学习，那么他考试不通过的概率是多少？

通过图 7-3，你很可能已经直观地推算出了 P(浅色凸粒 | 白色凸粒)："白色凸粒共有 6 个，其中 4 个在浅色凸粒上面，所以白色凸粒下面是浅色凸粒的概率为 $\dfrac{4}{6}$。"如果你是按照这一思路去计算的，那么恭喜你，你刚刚独立地发现了贝叶斯定理！现在我们要用数学来量化它，以确保它正确无误。

7.2 通过数学计算来证明

从直觉推理到贝叶斯定理，我们需要做一些工作。让我们从直觉开始，先找到计算出共有 6 个白色凸粒的方法。虽然通过空间推理可以得出这个结论，但现在需要用数学方法证明它。为解决这个问题，只要将接触到白色凸粒的概率乘以凸粒的总量即可：

$$白色凸粒的数量 = P(白色凸粒) \times 凸粒总量 = \frac{1}{10} \times 60 = 6$$

我们能够凭直觉推理出的另一项内容是，有 4 个白色凸粒在浅色凸粒的上面。而要从数学上证明这一点，就需要做更多的工作。首先，我们需要确定浅色凸粒的数量。幸运的是，这与计算白色凸粒数量的过程相同：

$$浅色凸粒的数量 = P(浅色凸粒) \times 凸粒总量 = \frac{1}{3} \times 60 = 20$$

现在已经计算出了浅色凸粒被白色凸粒覆盖的概率 $P(白色凸粒 \mid 浅色凸粒)$。为了得到被白色凸粒覆盖的浅色凸粒的数量而不是概率，需要用这个概率乘以刚刚计算出的浅色凸粒的数量：

$$被白色凸粒覆盖的浅色凸粒的数量 = P(白色凸粒 \mid 浅色凸粒) \times 浅色凸粒的数量$$

$$= \frac{1}{5} \times 20 = 4$$

最后，用这个值除以白色凸粒的数量，就得到了所求的概率 $P(浅色凸粒 \mid 白色凸粒)$：

$$P(浅色凸粒 \mid 白色凸粒) = \frac{被白色凸粒覆盖的浅色凸粒的数量}{白色凸粒的数量} = \frac{4}{6} = \frac{2}{3}$$

这与我们的直觉分析一致，但看起来并不像贝叶斯公式，因为贝叶斯公式的结构如下：

$$P(A \mid B) = \frac{P(B \mid A)P(A)}{P(B)}$$

为了得出这样的公式，必须回到公式中并展开其中的项，像下面这样：

$$P(浅色凸粒 \mid 白色凸粒) = \frac{P(白色凸粒 \mid 浅色凸粒) \times 浅色凸粒的数量}{P(白色凸粒) \times 凸粒总量}$$

我们还知道浅色凸粒的数量的计算方式，因此有：

$$P(浅色凸粒 \mid 白色凸粒) = \frac{P(白色凸粒 \mid 浅色凸粒)P(浅色凸粒) \times 凸粒总量}{P(白色凸粒) \times 凸粒总量}$$

最后,将等式右边的分子分母同时消去凸粒总量,可以得到:

$$P(浅色凸粒 | 白色凸粒) = \frac{P(白色凸粒 | 浅色凸粒)P(浅色凸粒)}{P(白色凸粒)}$$

我们根据直觉推导出了贝叶斯定理!

7.3   小结

从概念上来说,贝叶斯定理来源于直觉,但这并不意味着贝叶斯定理的形式化很容易。数学工作的优点是,它能从直觉中提取理性。我们已经证实了最初的直觉信念是前后一致的,现在有更强大的新工具来处理比乐高积木更复杂的概率问题了。

第 8 章将介绍如何使用贝叶斯定理来推理以及利用数据来更新我们的信念。

7.4   练习

试着回答以下问题,检验一下你对使用贝叶斯定理进行条件概率推理的理解程度。

(1) 堪萨斯城虽然听上去像美国堪萨斯州的城市,但它实际上位于密苏里州和堪萨斯州的交界处。它的都市区由 15 个县组成,其中 9 个县在密苏里州,6 个县在堪萨斯州。整个堪萨斯州有 105 个县,密苏里州有 114 个县。假设你有一个亲戚刚搬到堪萨斯城都市区某县,请用贝叶斯定理计算他(她)住在堪萨斯州的概率。在计算中必须使用 P(堪萨斯州)、P(堪萨斯城都市区),以及 P(堪萨斯城都市区 | 堪萨斯州)等。

(2) 一副牌有 52 张(除大王和小王外),花色为浅色或黑色,其中有 4 张 A:2 张浅色,2 张黑色。你从这副牌中抽出一张浅色 A 后洗牌,你的朋友接着抽出来一张黑色牌。请问它是 A 的概率有多大?

第8章

贝叶斯定理的先验概率、似然和后验概率

在第7章中，我们讨论了如何利用空间推理去推导贝叶斯定理。现在研究如何将贝叶斯定理当作一种概率工具，对不确定性进行逻辑推理。本章将利用贝叶斯定理来计算和量化在给定数据的情况下，信念有多大的可能性为真。为此，需要使用该定理的三要素——后验概率、似然和先验概率。这 3 个要素将在这场贝叶斯统计和概率探险之旅中频繁出现。

8.1 贝叶斯定理三要素

贝叶斯定理可以准确地量化所观察到的数据改变我们信念的概率。这也就是 P(信念|数据)。简单来说，我们想量化的是：在所观察到的数据下，自己对信念的坚信程度。在贝叶斯公式中，这个要素的术语是**后验概率**（posterior probability，简称为"后验"），也就是将通过贝叶斯定理所求出的解。

为了得到后验概率，还需要用到下一个要素：**似然**（likelihood）。它表示在给定信念的情况下，观察到某一数据的概率，也就是 P(数据|信念)。

最后，需要量化初始信念的概率，即 P(信念)。这一要素在贝叶斯定理中被称为**先验概率**（prior probability，简称为"先验"），它表示我们在看到数据之前的信念强度。似然和先验结合在一起就会形成后验。通常情况下，我们需要使用数据的概率 P(数据)对后验归一化，从而使其值介于 0 和 1 之间。然而在实践中并不总是需要 P(数据)，所以这个值没有特殊的名字。

你已经知道，我们将信念称为假设 H，并用变量 D 来表示数据。图 8-1 展示了贝叶斯定理的各个要素。

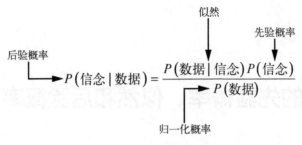

图 8-1 贝叶斯定理的要素

在本章中，我们将调查一起犯罪案件，并结合这些要素进行推理。

8.2 调查犯罪现场

假设，一天你下班回家后，发现家里的窗户玻璃碎了，前门开着，你的笔记本计算机也不见了。你的第一反应可能是："家里被盗了！"但你是如何得出这个结论的？更重要的是，你如何量化这个信念呢？

你的第一反应是家里被盗了，所以这里 H = 被盗。我们需要一个概率来描述家里被盗的可能性有多大，所以根据现有的数据，想要求解的后验是：

$$P(被盗 \mid 窗户玻璃碎了, 前门开着, 笔记本计算机不见了)$$

为了解决这个问题，我们需要补充贝叶斯定理中缺失的部分。

8.2.1 求解似然

首先，需要求解似然，具体到这个例子也就是，如果家里真的被盗了，同样的数据会被观察到的概率。换句话说，也就是数据与假设的吻合程度：

$$P(窗户玻璃碎了, 前门开着, 笔记本计算机不见了 \mid 被盗)$$

这里，我们问的是："如果发生了盗窃，那么你看到当前这些数据的概率有多大？"你可以想象一下，被盗时以上所有数据并非都存在的任何场景。例如，聪明的小偷可能撬开了你家的锁，偷走笔记本计算机之后再把门锁上，这不需要打破窗户玻璃。或者他可能只打破了窗户玻璃，拿走笔记本计算机之后再通过窗户爬出来。从直觉上来说，我们看到的场景在盗窃现场很常见，所以我们假定，如果家里被盗，你回家后有 $\frac{3}{10}$ 的概率会发现这些数据。

值得注意的是，尽管在这个例子中，我们只是猜测有哪些数据，但其实也可以通过一些调查来获得更好的判断。比如，我们可以去当地警察局询问盗窃案件犯罪现场的统计数据，或者浏览最近关于盗窃案的新闻报道。这样就可以得到更准确的似然估计：如果被盗，你看到这些数据的概率。

贝叶斯定理的不可思议之处在于，我们既可以用它来衡量信念，也可以用它来处理具有精确概率的大数据集。即使认为 $\frac{3}{10}$ 不是一个好的估值，你也可以随时返回去重新计算，像我们将要做的那样，看看在不同的假设下这个值是如何变化的。如果认为发生盗窃时看到这些数据的概率只有 $\frac{3}{100}$，你可以将这个值重新代入进行计算。贝叶斯统计让人们以一种可度量的方式产生不同的信念。因为是以量化的方式处理信念的，所以你可以重做本章所做的一切计算，看看不同的概率是否会对最终的结果产生实质性影响。

8.2.2 计算先验概率

接下来，我们需要确定家里被盗的概率。这也是本例的先验概率。先验概率非常重要，因为它允许我们使用背景信息对似然进行调整。假设前面描述的场景发生在一个荒岛上，而你是岛上唯一的居民，那么你家几乎不可能被盗（至少是被人类）。换一个场景，如果你家位于犯罪率很高的街区，那么盗窃事件就可能会经常发生。为简单起见，我们将被盗的先验概率设定为：

$$P(被盗) = \frac{1}{1000}$$

请记住，如果有不同的或额外的数据，随时可以调整这个概率。

现在，我们几乎有了计算后验概率的所有条件，只差对数据进行归一化处理。在继续之前，先来看看未归一化的后验概率：

$$P(被盗) \times P(窗户玻璃碎了，前门开着，笔记本计算机不见了 | 被盗) = \frac{3}{10\,000}$$

这个值非常小，太令人惊讶了！这是因为直觉告诉我们，根据观察到的数据，家里被盗的概率看起来非常大。这里，我们还没有分析观察到这些数据的概率。

8.2.3 归一化数据

我们的公式中还缺少所观察到的这些数据发生的概率 $P(D)$，无论家里是否被盗。在这个例子中，这是指无论出于什么原因，同时观察到"家里窗户玻璃碎了，前门开着，并且笔记本计算机不见了"的概率。现在的公式是这样的：

$$P(\text{被盗} \mid \text{窗户玻璃碎了,前门开着,笔记本计算机不见了}) = \dfrac{\dfrac{1}{1000} \times \dfrac{3}{10}}{P(D)}$$

分子中的概率相当小,因为没有对它进行归一化处理。

我们可以在表 8-1 中看到当 $P(D)$ 改变时,后验概率的变化情况。

表 8-1　$P(D)$ 对后验概率的影响

$P(D)$	后验概率
0.050	0.006
0.010	0.030
0.005	0.060
0.001	0.300

可以发现,当 $P(D)$ 减小时,后验概率就会增大。这是因为,随着观察到这些数据的概率越来越小,整个事件发生的概率在增大(见图 8-2)。

$P(\text{被盗} \mid \text{窗户玻璃碎了,前门开着,笔记本计算机不见了})$

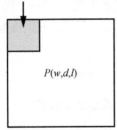

$P(\text{被盗} \mid \text{窗户玻璃碎了,前门开着,笔记本计算机不见了})$

图 8-2　随着数据发生概率的减小,后验概率会增大

思考下面这个极端的例子:你朋友成为百万富翁的"唯二"途径是中彩票或者从某个连他自己都不知道的家族成员那里继承遗产。因此,你朋友成为百万富翁的概率非常小。然而,你发现这位朋友确实成了百万富翁。那么,他中彩票的概率就变大了,因为这是他成为百万富翁仅有的两种方式之一。

8.3 考虑备择假设   69

当然，被盗只是你所见数据的一种可能解释，还有其他更多可能的解释。然而，如果不知道所见数据的概率，我们就无法将所有其他概率归一化。那么 $P(D)$ 是多少呢？这才是最棘手的问题。

与 $P(D)$ 相关的最常见的问题是，在很多现实情况下，它很难精确计算。对于公式中的其他值（虽然对这个例子来说只是猜测了一个值），我们都可以通过收集真实的数据来提供更准确的概率。对先验概率 $P(被盗)$，似乎只能通过查看历史犯罪数据来确定你家所在的街道上，某一特定人家在某一天被盗的概率。同样，理论上我们可以调查过去的盗窃案件，得到针对所观察到的数据的一个更准确的似然。但又怎么得到 $P(窗户玻璃碎了,前门开着,笔记本计算机不见了)$ 的实际值呢？

与其研究所看到的数据发生的概率，不如试着计算所有其他能够解释所看到数据的可能事件的概率。由于它们的和必须等于 1，因此我们可以倒过来计算 $P(D)$。只是对这份特殊的数据来说，几乎有无限的可能性。

没有 $P(D)$ 的值，我们似乎卡住了。在第 6 章和第 7 章中，我们分别计算了客服代表是男性的概率和选择不同颜色乐高凸粒的概率，当时有大量关于 $P(D)$ 的信息。这使我们可以根据观察到的情况，得出我们相信自己假设的准确概率。如果没有 $P(D)$，就无法求出 $P(被盗|窗户玻璃碎了,前门开着,笔记本计算机不见了)$ 的值。然而，我们并不是完全没办法。

好消息是，在某些情况下，并不需要明确知道 $P(D)$ 的值，因为我们通常只是想对假设进行比较。具体到这个例子，我们将用另一种可能的解释与家里被盗的概率进行比较。我们可以通过观察非归一化后验分布的比值做到这一点。因为 $P(D)$ 是一个常数，所以去掉它，分析结果也不会改变。

因此，在本章剩余的内容里，我们不再计算 $P(D)$，而是提出一个备择假设，计算它的后验概率，然后将其与原始假设的后验概率进行比较。虽然这意味着我们不能给出被盗（作为所观察到的数据的唯一可能解释）的确切概率，但我们仍然可以利用贝叶斯定理来进行推理，并分析其他的可能性。

8.3   考虑备择假设

现在提出另外一个假设，并将它与原来的假设进行比较。新假设包括以下 3 个事件。

(1) 邻居家孩子把棒球打到了窗户上。
(2) 你离开家时忘了锁门。
(3) 你忘了自己带笔记本计算机去上班并把它落在了办公室。

我们用事件前面的编号来指代这些事件，并将它们统称为 H_2，所以 $P(H_2) = P(1, 2, 3)$。现在求解这些数据的似然和先验概率。

8.3.1　备择假设的似然

对似然，我们想计算的是在给定假设下所观察到的事件的概率，或者说是 $P(D|H_2)$。有趣的是，这个假设的似然是 1：$P(D|H_2) = 1$。

如果假设中的所有事件都发生了，那么你肯定会观察到窗户玻璃碎了、前门开着以及笔记本计算机不见了。

8.3.2　备择假设的先验概率

先验概率表示的是这 3 个事件都发生的可能性，这也意味着需要先计算出其中每个事件的概率，然后通过乘法法则来确定先验概率。在这个例子中，我们假设每个可能的结果都是条件独立的。

备择假设的第一项内容是，邻居家孩子打棒球时不小心打碎了窗户玻璃。虽然这在电影中很常见，但现实中我从未听说过这种情况，更多的情况是发生了盗窃，所以我们假设棒球打碎窗户玻璃的概率是被盗概率的一半：

$$P(1) = \frac{1}{2000}$$

备择假设的第二项内容是你忘了锁门。这种情况相当普遍，所以假设它每月发生一次：

$$P(2) = \frac{1}{30}$$

最后，让我们来看看将笔记本计算机落在办公室的概率。虽然带着笔记本计算机去上班并将它落在办公室可能很常见，但完全忘记带着它去上班的情况不太常见。假设这种情况每年会发生一次：

$$P(3) = \frac{1}{365}$$

既然已经给假设 H_2 中的每一个事件都赋予了概率，那么可以用乘法法则来计算先验概率了：

$$P(H_2) = \frac{1}{2000} \times \frac{1}{30} \times \frac{1}{365} = \frac{1}{21\,900\,000}$$

正如你看到的，这 3 个事件同时发生的先验概率很小。现在我们需要计算出这两个假设的后验概率以进行比较。

8.3.3　备择假设的后验概率

我们知道似然 $P(D|H_2)$ 等于 1，所以如果第二个假设是真的，那么我们就一定会看到这些数据。如果没有先验概率，看起来这个新假设的后验概率要比原假设（家里被盗了）恰当得多，因为即使被盗了，我们也不太可能看到这些数据。现在我们可以看到，先验概率是如何从根本上改变非归一化的后验概率的：

$$P(D|H_2) \times P(H_2) = 1 \times \frac{1}{21\ 900\ 000} = \frac{1}{21\ 900\ 000}$$

现在我们想用一个比值来比较后验信念以及假设的强度。你会发现，做这件事并不需要 $P(D)$。

8.4　比较非归一化的后验概率

首先，我们需要求出两个后验概率的比值。比值能够告诉我们一个假设的可能性是另一个假设的多少倍。将原假设定义为 H_1，这两个假设为真的概率之比如下：

$$\frac{P(H_1|D)}{P(H_2|D)}$$

接下来，用贝叶斯定理将其中的每一项都展开。这里将贝叶斯定理写为 $P(H) \times P(D|H) \times \frac{1}{P(D)}$，以使下面这个公式更易于阅读：

$$\frac{P(H_1) \times P(D|H_1) \times \dfrac{1}{P(D)}}{P(H_2) \times P(D|H_2) \times \dfrac{1}{P(D)}}$$

请注意，分子和分母中都有 $\dfrac{1}{P(D)}$，这意味着可以直接消去它，比值保持不变。这就是在比较假设时 $P(D)$ 并不重要的原因。现在我们得到了未归一化的后验概率的比值。后验概率表示信念的坚定程度，所以这个后验概率比值告诉我们，在不知道 $P(D)$ 的情况下，H_1 对数据的解释比 H_2 好多少倍。消去 $P(D)$ 并将实际数值代入：

$$\frac{P(H_1) \times P(D|H_1)}{P(H_2) \times P(D|H_2)} = \frac{\dfrac{3}{10\ 000}}{\dfrac{1}{21\ 900\ 000}} = 6570$$

这意味着 H_1 对所观察数据的解释能力是 H_2 的 6570 倍。换句话说，我们的分析表明，原始假设（H_1）比备择假设（H_2）更能解释所观察的数据。这也符合我们的直觉：根据观察到的场景，盗窃看上去更可能是事情的真相。

我们想用数学方式表达非归一化后验概率的这一性质，以便于进行比较。为此，需要使用如下版本的贝叶斯定理，其中符号 ∝ 的意思是“成正比”：

$$P(H \mid D) \propto P(H) \times P(D \mid H)$$

这个公式可以理解为“后验概率，即给定数据下假设的概率，与 H 的先验概率和在假设 H 下数据概率的乘积成正比”。

当想比较两个假设的概率，但 $P(D)$ 的值又不容易计算时，贝叶斯定理的这种形式就非常有用。虽然这无法单独得出一个有意义的假设概率值，但我们仍然能够使用贝叶斯定理的这一形式来比较假设。对假设进行比较，就意味着我们可以确切地知道一种假设对观察内容的解释要比另外一种假设的可信度强多少。

8.5　小结

本章探讨了贝叶斯定理如何在给定观察数据的情况下，为我们建立对世界的信念模型提供框架。对贝叶斯分析来说，贝叶斯定理由 3 个要素组成：后验概率 $P(H \mid D)$、先验概率 $P(H)$ 和似然 $P(D \mid H)$。

显然，数据本身或者说数据的概率 $P(D)$ 没有出现在这个列表中，因为如果只关注信念的比较，通常并不需要在分析中用到它。

8.6　练习

试着回答以下问题，检验一下你对贝叶斯定理三要素的理解程度。

(1) 你可能不同意正文中分配给似然的概率：

$$P(\text{窗户玻璃碎了，前门开着，笔记本计算机不见了} \mid \text{被盗}) = \frac{3}{10}$$

这在多大程度上可以改变我们相信 H_1 超过 H_2 的程度？

(2) 你认为被盗的概率即 H_1 的先验概率有多大，才能使我们同等相信 H_1 和 H_2？

第 9 章
贝叶斯先验概率和概率分布

先验概率是贝叶斯定理中最有争议的内容，因为它经常被认为是主观的。然而在实践中，它往往能展示出如何应用重要的背景信息对不确定的情况进行充分推理。

本章将研究如何使用先验概率解决问题，以及如何使用概率分布将信念描述为一系列可能的值，而不是某个单一的值。概率分布要比单一的值更有用，这主要有两个原因。

第一，我们可能拥有并认可的信念的范围往往很广。第二，概率范围能够展示我们对一组假设的信心。在第 5 章中讨论神秘的黑盒子时，我们证实过这两个方面。

9.1 C-3PO 对小行星带的疑问

我们将使用《星球大战：帝国反击战》中最令人难忘的统计分析错误作为示例。汉·索罗为躲避敌方战机，将"千年隼"号驶入了小行星带，此时一向见多识广的 C-3PO 告知汉说，他的胜算很小。C-3PO 说："长官，成功穿过小行星带的概率大约是 1 比 3720！"

"千万别跟我说概率！"汉回答道。

从表面上看，这只是一部摒弃"无聊"数据分析的趣味电影，但其实这里有一个有趣的情况。观众都知道汉能成功，但同时不反对 C-3PO 的分析。甚至连汉都认为这很危险，所以他说："他们一定是疯了才会跟着我们。"另外，追击的 TIE 战机没有一架成功穿过，这就提供了相当有力的数据，证明 C-3PO 的数据并没有完全偏离事实。

C-3PO 在计算中少算信息了，缺少的信息是，汉·索罗是个高手，超级厉害！C-3PO 并没有错，它只是忘了添加必要的信息。现在的问题是：能不能找到一种方法来避免 C-3PO 的错误，而不是像汉那样完全否定概率？为了回答这个问题，我们需要对 C-3PO 的思维方式以及我们对汉的看法进行建模，然后用贝叶斯定理将这两个模型结合起来。

9.2 节先分析 C-3PO 的推理方式，然后再来看汉的厉害之处。

9.2 确定 C-3PO 的信念

C-3PO 并没有胡编乱造数字，它精通 600 多万种通信方式，这需要大量的数据支持。所以我们可以假设"大约是 1 比 3720"的说法是有数据支撑的。因为 C-3PO 提供的这个成功穿越小行星带的概率是概数，所以我们知道它所掌握的数据仅足以给出一个可能的成功概率范围。为了表示这个范围，我们需要关于成功概率的信念分布，而不是表示概率的单一数值。

对 C-3PO 来说，可能的结果是要么穿越成功，要么穿越失败。我们将根据 C-3PO 的数据，使用在第 5 章中学习过的 β 分布来确定各种可能的成功概率。之所以使用 β 分布，是因为在给定成功和失败比例的情况下，它能正确地模拟一个事件的各种可能概率。

回忆一下，β 分布的参数是 α（观察到的成功次数）和 β（观察到的失败次数）：

$$P(\text{成功次数} \mid \text{成功和失败的总次数}) = \text{Beta}(\alpha, \beta)$$

这个分布能告诉我们，根据目前掌握的数据，什么样的成功率是最可能的。

为了弄清 C-3PO 的信念，我们需要对它的数据来源做一些假设。假设 C-3PO 的记录显示仅有两个人穿越了小行星带并幸存下来，其他的 7440 人则在剧烈的爆炸中结束了穿越小行星带的旅程！图 9-1 显示了 C-3PO 对真实成功率信念的 PDF。

对任何进入小行星带的普通飞行员来说，这张图看起来都很糟糕。用贝叶斯概率的术语来说，C-3PO 对给定观测数据下真实成功率的估计值为 1 比 3720，这就是第 8 章所讨论的似然。接下来，我们需要确定先验概率。

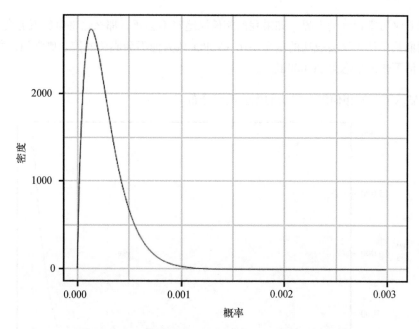

图 9-1 · C-3PO 相信汉·索罗能够成功的概率的 β 分布

9.3 汉·索罗厉害的原因

C-3PO 的分析中存在的问题是，它掌握的数据是关于所有飞行员的，但汉·索罗并非普通的飞行员。如果不能量化汉的厉害程度，那么我们的分析可以说是残缺的。这不仅仅是因为汉能通过小行星带，还因为我们相信他肯定可以。统计学是辅助我们对世界进行推理的工具。如果我们的统计分析不仅与自己的推理和信念相矛盾，而且无法改变它们，那么我们的分析肯定出了问题。

我们的先验信念是，汉·索罗一定能穿过小行星带，因为迄今为止他在所有不可能活下来的场景中都活了下来。正是无论生存机会看起来多么渺茫，汉都生存下来了，才让他成为了传奇人物。

对贝叶斯分析领域之外的数据分析师来说，先验概率往往是非常有争议的。很多人觉得"编造"一个先验概率很不客观。但这一幕可以说是真实的细节，它解释了为什么否定先验概率更荒谬。假如第一次看《星球大战：帝国反击战》时，你看到这一幕，而且有朋友真诚地告诉你"汉肯定会死"，此时你根本不会相信这是真的。请记住，C-3PO 给出的成功穿过小行星带的概率并不完全是错误的。如果你朋友说"那些 TIE 战机现在已经完蛋了"，你很可能会笑着同意。

现在，我们有很多理由相信汉会活下来，却没有数据来支撑这个信念。让我们试着把一些内容放在一起。

先来看看汉厉害程度的上界。如果我们相信汉绝对不会死，那么这部电影就老套且无聊了。相对应，我们只是认为汉会成功的信念要比 C-3PO 认为他不会成功的信念更强烈，所以假定我们相信汉会活下来的信念是 20 000 比 1。

图 9-2 显示了我们相信汉会成功的先验概率分布。

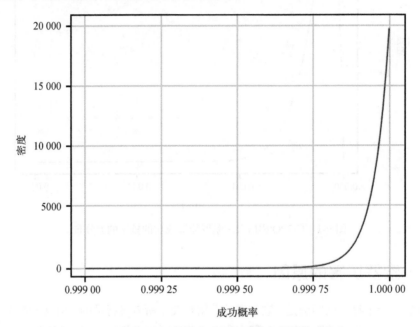

图 9-2　对汉·索罗能够成功的先验信念范围的 β 分布

9.4　用后验概率制造悬念

现在我们已经确定了 C-3PO 的信念（似然），也建立了自己对汉的信念模型（先验概率），但需要一种方法将它们结合起来。通过组合信念，就能形成后验分布。这里，后验模拟了我们从 C-3PO 那里得知似然后的悬念感：加入 C-3PO 分析场景的目的一部分是嘲笑它的分析思维，另一部分是创造一种真正的危险感。如果只有先验概率，那么我们完全不用担心汉，但根据 C-3PO 的数据进行调整时，我们会对真正的危险产生一种新的信念。

后验概率的公式实际上非常简单直观。在只知道似然和先验概率的情况下，我们可以使用第 8 章中的"成正比"版本的贝叶斯定理：

$$后验概率 \propto 似然 \times 先验概率$$

记住，使用这种形式的贝叶斯定理就意味着，后验概率分布中的概率之和并不必然等于 1。但我们很幸运，因为有一种简单的方法可以将 β 分布组合起来，即使只有似然和先验概率的数据，也能够向我们提供归一化的后验数据。以这种方法组合两个 β 分布非常简单，其中一个表示 C-3PO 的数据（似然），另一个表示我们对汉生存能力的先验信念（先验概率）：

$$\text{Beta}(\alpha_{后验}, \beta_{后验}) = \text{Beta}(\alpha_{似然} + \alpha_{先验}, \beta_{似然} + \beta_{先验})$$

只要将先验和似然的 α 值和 β 值分别相加，就可以得到归一化的后验概率。因为很简单，所以在进行贝叶斯统计时使用 β 分布非常方便。为了确定汉成功通过小行星带的后验概率，需要进行如下的简单计算：

$$\text{Beta}(20\,002,\ 7441) = \text{Beta}(2 + 20\,000,\ 7440 + 1)$$

现在我们可以直观地看到数据的新分布了。图 9-3 表示的是最终的后验信念。

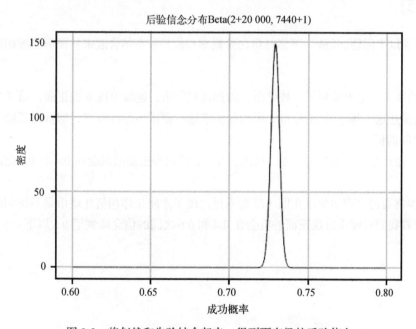

图 9-3　将似然和先验结合起来，得到更有趣的后验信念

　　通过将 C-3PO 的信念与"汉很厉害"的信念结合起来，我们发现新的观点更加合理。该后验信念显示，汉成功的概率大约是 73%，这意味着我们仍然认为汉有很大的机会成功，但我们还是会为他担心。

　　真正有用的是，我们并不是直接知道了汉可能成功的原始概率，而是知道了可能信念的完整分布。在本书的许多例子中，我们一直坚持使用单一的概率值，但实际上，完整的分布更有助于灵活处理信念的强度。

9.5　小结

在本章中，我们学习了背景信息对于分析眼前数据的重要性。C-3PO 的数据提供了一个与我们对汉·索罗能力的认知不相符的似然函数，但我们并没有像汉那样直接否定 C-3PO 的数据，而是将 C-3PO 的似然与我们的先验信念结合起来，形成调整后的信念。在电影《星球大战：帝国反击战》中，这种不确定性对紧张氛围的营造至关重要。如果完全相信 C-3PO 的数据或者我们自己的先验信念，那么我们会认为汉·索罗要么肯定会死，要么肯定能顺利活下来。

我们还学到，为了表示一系列可能的信念，可以使用概率分布，而不是单一的概率值。在本书后面的章节中，我们将更详细地研究这些分布，以更细致的方式探索信念中的不确定性。

9.6　练习

试着回答以下问题，检验一下你对将先验概率和似然分布结合起来从而形成准确后验分布的理解程度。

(1) 你的朋友在地上捡到了一枚硬币，抛掷这枚硬币，连续出现 6 次正面，第 7 次才得到了反面。给出描述这一场景的 β 分布。用积分法求这枚硬币均匀的概率，即掷出正面的机会介于 0.4 和 0.6 之间的概率。

(2) 计算硬币是均匀的先验概率。利用 β 分布，使出现正面的机会在 0.4 和 0.6 之间的概率至少是 95%。

(3) 至少需要再出现多少次正面（反面不再出现）才能让你相信此硬币是不均匀的。这里，假设这意味着我们对硬币出现正面的机会在 0.4 和 0.6 之间的信念降到了 0.5 以下。

第三部分

参数估计

第 10 章
均值法和参数估计介绍

本章将介绍**参数估计**，这是统计推理的重要内容。所谓参数估计，就是通过已知的数据来推测未知变量的值。例如，估算网站的访问者购买商品的概率，嘉年华上罐子里软糖的数量，或者粒子的位置和动量。在所有这些例子中，都有我们想要预估的未知值，我们可以利用观察到的信息进行猜测。我们将这些未知值称为**参数**（parameter），对这些参数进行合理推测的过程则被称为**参数估计**（parameter estimation）。

我们将重点讨论均值法（averaging），这是参数估计最基本的形式。几乎每个人都明白，对一组观测值取均值是估计真实值的最佳方法，但很少有人会停下来思考为什么这样做有用（假设这样做的确有用的话）。我们需要证明均值法值得信赖，因为在后面的章节中，我们将利用它构建更复杂的参数估计形式。

10.1　估计降雪量

假设昨天晚上下了一场大雪，你想知道院子里到底积了多少雪（以英寸①为单位）。不幸的是，你家里并没有雪量计，不能给出准确的测量结果。往外看，你发现风已经吹了一夜，这意味着院子里各处的雪深并不相同。你用尺子在院子的 7 个随机位置测量雪的深度，得到了以下测量数据（以英寸为单位）：

$$6.2, 4.5, 5.7, 7.6, 5.3, 8.0, 6.9$$

很明显雪被风吹动了不少，院子里的雪也不太平整，所以量出的深度很不一样。既然如此，我们

① 1 英寸约等于 2.54 厘米。

如何利用这些测量值来推测实际降雪量呢？

这个简单的问题是参数估计的一个很好的例子。我们要估计的参数是昨晚降雪的实际深度。请注意，由于风把雪吹得到处都是，而又没有雪量计，因此我们永远无法知道确切的降雪量。我们有的只是一组测量数据。结合概率来使用这组数据，就可以确定每个测量值对估算值的分摊值，从而做出最好的推测。

10.1.1 求平均测量值以最小化误差

你的第一反应可能是求这些测量值的均值。在小学，我们通过把各个数值加起来，再除以数值的个数来求均值。因此，如果有 n 个测量值，其中第 i 个测量值标记为 m_i，那么均值为：

$$均值 = \frac{m_1 + m_2 + m_3 + \cdots + m_n}{n}$$

代入前面的数据，可以得到下面的结果：

$$\frac{6.2 + 4.5 + 5.7 + 7.6 + 5.3 + 8.0 + 6.9}{7} \approx 6.31$$

根据所得的 7 个测量值，最好的估计是大约下了 6.31 英寸深的雪。

均值法是一种从小就嵌入我们脑海的方法，所以它应用在这个问题上似乎是必然的，但实际上，很难分析它为什么有效以及它与概率有什么关系。毕竟，我们的每一个测量值都是不同的，而且所有的测量值都可能与真实的降雪量不同。数百年来，即使是伟大的数学家也担心平均数据会让这些有误差的测量结果变得复杂，使得估计的结果非常不准确。

在估计参数时，重要的是理解**为什么**要做出决定；否则，我们使用的估计方法可能会造成风险，比如在无意中造成偏差或其他系统性错误。统计学中的一个常见错误是，在不了解情况的时候就盲目应用解决步骤。这导致的结果常常是，用了错误的方法来解决问题。概率是对不确定性进行推理的工具，而参数估计则是用来处理不确定性最常见的过程。下面来深入了解均值法，看看我们能否更加确信它是正确的方法。

10.1.2 解决简化版的案例

让我们将降雪问题简化一下：与其想象所有可能的降雪深度，不如想象雪落在平整、均匀的地面上，这样你的院子就变成了一个简单的二维网格。图 10-1 显示了完全均匀、6 英寸深的降雪侧视图（不是鸟瞰图）。

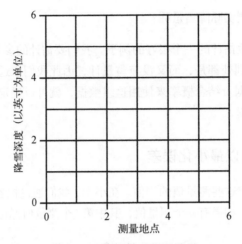

图 10-1　一场完全均匀的降雪

这是一个完美的场景：没有无限的可能测量值；相反，我们对 7 个位置全部进行采样，每个位置只有一个可能的测量值——6 英寸。显然，均值法在这种情况下是有效的，因为无论怎样从这些数据中取样，答案总是 6 英寸。

将它与图 10-2 进行比较。图 10-2 显示了当风将雪吹到你家房子左边时的情景。

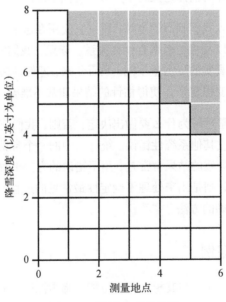

图 10-2　被风吹动后的雪

现在，雪的表面不再是平整、均匀的，这就为原来的问题引入了一些不确定性。当然，这里取巧了，因为很容易计算出每块地上的雪量，从而确切地知道下了多少雪。但通过这个例子，我们可以探索如何对不确定的情况进行推理。让我们通过测量院子里每块地上的雪开启整个探索过程：

$$8, 7, 6, 6, 5, 4$$

接下来，我们会将每个值与概率联系起来。既然取巧了而且知道降雪量的真实值是 6 英寸，那么我们会记录测量值和真实值之间的差异，即误差值（见表 10-1）。

表 10-1　测量值、与真实值的差及概率

测　量　值	与真实值的差	概　　率
8	2	$\frac{1}{6}$
7	1	$\frac{1}{6}$
6	0	$\frac{2}{6}$
5	−1	$\frac{1}{6}$
4	−2	$\frac{1}{6}$

观察每个测量值与真实值的差，我们可以看到，某个值高估的概率与另一个值低估的概率相抵消了。例如，选择比真实值高 2 英寸的测量值的概率为 $\frac{1}{6}$，选择比真实值低 2 英寸的测量值的概率为 $\frac{1}{6}$。这使我们对平均值的工作原理有了第一个关键的认识：测量中的误差往往会相互抵消。

10.1.3　解决更极端的案例

由于误差的分布如此均匀，因此前面的场景可能还不足以让你相信在更复杂的情况下误差仍然会相互抵消。为了证明这种效应在其他情况下仍然存在，让我们来看一个更极端的例子。假设风把 21 英寸的雪吹到了 6 个方块中的一块上，其余的方块都剩下了 3 英寸的雪，如图 10-3 所示。

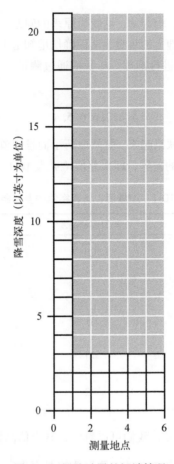

图 10-3　风吹动雪的极端情况

　　现在我们有了一个非常不同的降雪分布。首先,与前面的示例不同,我们取样的数值中没有一个是真实的降雪量。其次,误差的分布也不再平均:有多个低于预期的测量值和一个非常高的测量值。表 10-2 显示了测量值、与真实值的差,以及每个测量值的概率。

表 10-2　极端案例中的测量值、与真实值的差及概率

测量值	与真实值的差	概率
21	15	$\frac{1}{6}$
3	−3	$\frac{5}{6}$

　　显然，不能仅仅将一个测量值的误差和另一个的误差进行匹配，然后让它们相互抵消。不过，可以用概率证明，即使是这种极端的分布，误差仍然会相互抵消。我们可以通过将每个有误差的测量值视为对数据的投票来实现这一点。每个误差被察觉的概率就是我们对它的相信程度。当合并测量值时，可以将测量值的概率视为代表其对最终估计值的投票相信程度。在这个例子中，–3英寸误差的可能性是15英寸误差的5倍，所以–3得到的权重也更大。如果进行投票，–3会得到5票，而15只会得到1票。将所有的票数结合起来，用值乘以它的概率，然后将它们加在一起，就能够得到一个**加权和**（weighted sum）。在极端的情况下，即所有的值都是一样的时候，只需要让1乘以观察到的值，结果就会是一个加权和。在这个例子中，加权和是：

$$\frac{5}{6} \times (-3) + \frac{1}{6} \times 15 = 0$$

每个测量值的误差都抵消了，结果为0！所以，我们再次发现，如果没有一个测量值是真实值，或者如果误差的分布不均匀，这都不重要。当根据信念对该测量值进行加权时，误差往往会相互抵消。

10.1.4　用加权概率估计真实值

　　现在我们相当有信心，实际测量的误差会被抵消，但仍然有一个问题：我们一直在处理实际测量的误差，但处理这些需要知道真实值。在不知道真实值时，我们能处理的就只有测量值，所以需要看看，当只有原始测量值的加权和时，误差是否仍然抵消。

　　为了证明方法有效，我们需要一些"未知"的真实值。让我们从以下误差开始：

$$2, 1, -1, -2$$

由于真实值未知，我们用变量 t 表示它，然后加上误差就能得到测量值。现在可以根据概率对每个测量值进行加权：

$$\frac{1}{4}(2+t) + \frac{1}{4}(1+t) + \frac{1}{4}(-1+t) + \frac{1}{4}(-2+t)$$

这里所做的就是把误差与代表真实值的 t 相加，然后将每个结果按其概率加权。这样做是为了看看误差是否仍然可以抵消，最终只留下 t。如果只留下了 t，那么只对原始测量值进行平均，误差也会抵消。

　　下一步则是将概率权重与测量值的每一项相乘，得到一串长长的加权和：

$$\frac{2}{4} + \frac{1}{4}t + \frac{1}{4} + \frac{1}{4}t + \frac{-1}{4} + \frac{1}{4}t + \frac{-2}{4} + \frac{1}{4}t = 0 + t$$

现在如果重新排列这些项，将所有的误差都放在一起，我们就可以看到误差仍然会被抵消，加权后的值相加仍然等于 t，即未知的真实值：

$$\left(\frac{2}{4}+\frac{1}{4}+\frac{-1}{4}+\frac{-2}{4}\right)+\left(\frac{1}{4}t+\frac{1}{4}t+\frac{1}{4}t+\frac{1}{4}t\right)=0+t$$

这表明，即使将测量值定义为"未知的真实值 t 加上误差"，误差仍然会抵消，最后只剩下 t。即使不知道真实值或真实误差是多少，在计算测量值的均值时，误差往往也会抵消。

在实践中，通常无法对整个可能的测量空间进行采样，但拥有的样本越多，误差抵消的程度就越高，总体上，我们所得的估计值也会越接近真实值。

10.1.5 定义期望、均值和平均数

这里所得到的估计值，通常正式称为数据的**期望**（expectation）或**均值**（mean），它是每个值经过概率加权后的和。如果用 x_i 来表示每个测量值，用 p_i 来表示相应的概率，在数学上给均值的定义如下，其中均值通常用 μ（希腊字母 mu 的小写）来表示：

$$\mu=\sum_1^n p_i x_i$$

需要说明的是，这与我们在小学学习的计算均值的方法完全相同，只是使用了让概率的作用更加明确的符号。来看一个例子，求 4 个数的均值。在学校里，我们会将它写为：

$$\frac{x_1+x_2+x_3+x_4}{4}$$

这等同于下面的写法：

$$\frac{1}{4}x_1+\frac{1}{4}x_2+\frac{1}{4}x_3+\frac{1}{4}x_4$$

还可以令 $p_i=\frac{1}{4}$，写成下面这样：

$$\mu=\sum_1^4 p_i x_i$$

因此，尽管均值实际上就是几乎人人都熟悉的平均数，但通过概率的原理来构建它，我们明白了它**为什么**能起作用。无论误差如何分布，一个极端误差的概率都会被另一个极端误差的概率抵消。随着获得的样本越来越多，平均数的误差就越可能被抵消，我们也就越接近一直在努力寻找的真实值。

10.2　测量中的均值与总结性的均值

我们一直通过均值从带有误差的测量值分布中去估计真实值，但均值也经常用于总结一组数据。例如，我们可能会提到下面这些数据：

❑ 人的平均身高；
❑ 房子的平均价格；
❑ 学生的平均年龄。

在所有这些例子中，我们并没有将均值用作估计单一真实值的参数；相反，我们是在总结一个群体的属性。准确地说，我们是在估计一个群体的某些抽象属性，而这些属性甚至可能不是真实的。即使均值是一个众所周知的简单参数，它也很容易被滥用并导致奇怪的结果。

在对数据进行平均处理时，我们应该常常问自己一个基本的问题，那就是："我到底想测量什么，这个值又意味着什么？"以降雪这个例子来说，答案很简单：我们想估算昨晚在被风吹动之前，到底下了多少雪。然而，当测量"平均身高"时，答案就不是那么清楚了。世界上根本就不存在一个"平均人"，我们观察到的身高差异并不是误差，而是真实存在的差异。更不存在一个人之所以是 5 英尺 5 英寸高，是因为他的部分身高移到了另一个 6 英尺 3 英寸高的人身上。

如果你在建造一所游乐园，想知道对玩过山车设定什么样的身高限制，才能有至少一半的游客可以乘坐它，这时就出现了你想度量的真实值。但是在这个例子中，均值就变得不那么有用了。更好的方法是估算进入游乐园的人身高超过 x 的概率，这里的 x 是乘坐过山车的最低身高。

本章提出的所有观点都是有前提的，即我们讨论的是如何测量一个特定的值并通过均值来抵消误差。也就是说，我们把均值当作参数估计的一种方法，其中的参数有着我们无法确切知道的真实值。虽然均值对总结大量数据也很有用，但我们不能再对这里的均值有"抵消误差"的错觉，因为此时数据中的变化是真正有意义的变化，而不是测量的误差。

10.3　小结

在本章中，你学到了可以相信对测量的结果所取的平均数，以便对未知值做出最佳估计。这是有效的，因为误差往往会相互抵消。我们可以将平均数形式化为期望或均值。在计算均值时，需要用观察到的概率对所有的测量值进行加权。最后，尽管均值法是一个简单的工具，但我们应该始终确定并理解自己要通过均值干什么；否则，所得的结果最终可能是无效的。

10.4　练习

试着回答以下问题，检验一下你对使用均值法估算未知值的理解程度。

(1) 出现的误差很可能不会完全像我们想的那样抵消。在华氏温标中，98.6 度是正常体温，100.4 度则是发烧的临界值。假设你在照顾一个孩子，他摸着很烫，似乎是生病了，但你用体温计反复测量，结果都在 99.5 度和 100.0 度之间：温度有些高但不是发烧。你又量了量自己的体温，得到的几个读数都在 97.5 度和 98 度之间。体温计出了什么问题？

(2) 假设你觉得自己很健康，而且一直以来体温都很正常，那么你又如何改变测量的读数 100、99.5、99.6 和 100.2 来判断这个孩子发烧了呢？

第 11 章

度量数据的离散程度

 在本章中，我们将学习用 3 种方法来量化测量值的**离散程度**（spread），或者说**离中趋势**。这 3 种方法分别是**平均绝对偏差**（mean absolute deviation）、**方差**（variance）和**标准差**（standard deviation）。

在第 10 章中，我们了解了均值是估算未知值的最佳方法，而且测量值越分散，我们对均值的估计就越不确定。举个例子，如果只根据汽车被拖走后剩余碎片的分布情况来判断两车相撞的位置，那么碎片越分散，我们就越不能确定这两辆车相撞的准确位置。

因为观察到的离散程度与测量的不确定性有关，所以需要量化它，这样我们就可以对做出的判断进行概率性的陈述（我们将在第 12 章学习如何做）。

11.1　往井里扔硬币

假设你和一个朋友在树林里闲逛时偶然发现了一口看起来很奇怪的老井。你往里面看，感觉它似乎没有底。为了验证你的直觉，你从口袋里掏出一枚硬币，然后把它扔了进去。果然，几秒后你听到了水花溅起的声音。由此，你得出结论：井虽然很深，但并非无底。

确定没有超自然现象之后，你和朋友很好奇这口井到底有多深。为了收集更多的数据，你又从口袋里掏出 5 枚硬币，并把它们逐个扔了进去，在经过如下的秒数后听到了水花声：

$$3.02, 2.95, 2.98, 3.08, 2.97$$

如你所料，结果中存在一些差异。这主要是因为要确保在相同的高度扔下硬币并准确记录从扔下到听到水花的时间，有一定的难度。

之后，你的朋友也想试一试以得到更多测量结果。他没有用 5 枚大小一样的硬币，而是选择了更多种类的东西，包括小的鹅卵石和树枝。将它们扔进井里后，他得到了如下测量结果：

$$3.31,\ 2.16,\ 3.02,\ 3.71,\ 2.80$$

这两个样本的均值（μ）都是 3 秒左右，但你们两人测量结果的离散程度相差很大。本章的目的就是找到一种方法来量化测量结果离散程度之间的差异。我们将在第 12 章中使用这个结果来确定估计值在某些范围内的概率。

在本章的剩余部分，我们将用变量 a 来表示第一组数据（你的测量值），用变量 b 来表示第二组数据（朋友的测量值）。在每组数据中，每个测量值都有一个下标。例如，a_2 就是 a 组的第二个测量值。

11.2　求平均绝对偏差

我们从计算每个测量值与均值（μ）的差值开始。a、b 两组数据的均值都近似于 3。因为 μ 是对真实值的最佳估计，所以通过计算均值与每个测量值之间的差来量化两组数据离散程度之间的差异是有意义的。表 11-1 显示了每个测量值及其与均值的差。

表 11-1　你和朋友的测量值及其与均值的差

测　量　值	与均值的差
a 组	
3.02	0.02
2.95	−0.05
2.98	−0.02
3.08	0.08
2.97	−0.03
b 组	
3.31	0.31
2.16	−0.84
3.02	0.02
3.71	0.71
2.80	−0.20

注意：与均值的差和误差值不同。误差值是测量值与真实值之差，而真实值在这里是未知的。

关于如何比较两组数据之间的离散程度，第一个想法可能是将每组数据中各个测量值与均值的差相加。然而这样做之后，我们会发现这两组数据的差值之和几乎相同。这很奇怪，因为这两组数据的离散程度明显有差异：

$$\sum_{i=1}^{5} a_i - \mu_a = 0 \qquad \sum_{i=1}^{5} b_i - \mu_b \approx 0$$

之所以不能直接将各测量值与均值之差相加，与均值为什么起作用紧密相关：通过对第 10 章的学习，我们知道误差往往会相互抵消。所以需要一种数学方法，在不影响测量有效性的前提下确保差值不会相互抵消。

差值相互抵消的原因是，有些差值是正数而有些是负数。所以，如果将所有的差值都转换为正数，那么我们就可以解决这个问题而不会使数值无效。

最易理解的方法是取差值的**绝对值**（absolute value），也就是数值到 0 的距离，所以 4 的绝对值是 4，−4 的绝对值也是 4。这样无须改变实际的数值，负数就变成了正数。在数的两边加上垂直线来表示该数的绝对值，如：

$$|-6| = |6| = 6$$

如果取表 11-1 中差值的绝对值进行计算，就会得到一个可用的结果：

$$\sum_{i=1}^{5} |a_i - \mu_a| = 0.20 \qquad \sum_{i=1}^{5} |b_i - \mu_b| = 2.08$$

如果试着手动计算，你也会得到同样的结果。对这个例子来说，这种方法很管用，但它仅适用于样本数量相同的情况。

现在假设 a 组比 b 组多 40 个测量值，其中 20 个等于 2.9 而另外 20 个等于 3.1。即使增加了这些测量值，a 组的数据似乎也没有 b 组那么分散，但现在 a 组的差值的绝对值之和是 4.2，因为其中的样本更多。

为了纠正这种情况，我们可以通过除以测量值的总数来将数值归一化。只是我们不用除法，而是乘以总数分之一，也就是乘以**倒数**（reciprocal），看起来像下面这样：

$$\frac{1}{5} \times \sum_{i=1}^{5} |a_i - \mu_a| = 0.040 \qquad \frac{1}{5} \times \sum_{i=1}^{5} |b_i - \mu_b| = 0.416$$

现在我们有了一种不依赖样本量的离散程度度量方法。这种度量方法的计算公式如下：

$$\text{MAD}(x) = \frac{1}{n} \times \sum_{i=1}^{n} |x_i - \mu|$$

这里计算了测量值与均值之差的绝对值的均值。对 a 组来说，测量值与均值平均相差 0.04 秒；而对 b 组来说，测量值则与均值平均相差 0.416 秒。我们将这个公式的计算结果称为**平均绝对偏差**（mean absolute deviation，MAD）。MAD 用于度量观测数据的离散程度，它是一种非常有用且直观的方法。由于 a 组的 MAD 值为 0.04，而 b 组的 MAD 值约为 0.4，因此可以说 b 组的离散程度约是 a 组的 10 倍。

11.3　求方差

另一种不影响数据有效性并且可以使差值变为正数的数学方法是对差值进行平方：$(x_i - \mu)^2$。与 MAD 相比，这种方法至少有以下两个优势。

第一个优势有点儿学术性：在数学上，取平方值要比取绝对值容易得多。在本书中，我们不会直接用到这一点，但对数学家来说，绝对值函数在实践中可能有点烦琐。

第二个优势更实际：平方运算会导致**指数惩罚**（exponential penalty），这意味着距离均值较远的测量值会受到更大的惩罚。换句话说，小的差异远没有大的差异重要，正如我们凭直觉所感受的那样。例如，有人把你的会议安排在了错误的房间，如果最终只是在正确房间的隔壁，你不会觉得太难过；但是如果被安排到另一个城市的办公室，你肯定会难过。

如果用平方代替绝对值，可以得到如下公式：

$$Var(x) = \frac{1}{n} \times \sum_{i=1}^{n} (x_i - \mu)^2$$

这个公式被称为**方差**（variance），它在概率论的研究中有着非常特殊的地位。请注意，方差的公式与 MAD 基本相同，只是其中的绝对值函数已替换为平方函数。由于具有较好的数学性质，因此在概率论的研究中，方差要比 MAD 使用得更频繁。计算之后，我们可以看到方差的结果是多么不同：

$$Var(a组) \approx 0.002, \ Var(b组) \approx 0.269$$

由于计算的是平方，因此我们对方差结果的意义不再有直观的理解。MAD 给了我们一个直观的定义：测量值与均值的平均距离。相反，方差则表示差值平方后的均值。回想一下，如果是用 MAD，b 组的离散程度约是 a 组的 10 倍；而如果用的是方差，b 组的离散程度则约是 a 组的 100 倍！

11.4　求标准差

虽然理论上方差有许多有用的性质，但实际上其结果很难解释。人们很难想象方差等于 0.002 秒 ^{2} 意味着什么。正如我们所提到的，MAD 的优点在于它的结果很符合我们的直觉。如果

b 组的 MAD 值为 0.4，则表示其中任何测量值与均值之间的平均距离都为 0.4 秒。但是对差值的平方求均值，我们并不能给出很好的解释。

为了解决这个问题，我们可以取方差的平方根，以便将其变成一个更符合我们直觉的数值。方差的平方根称为**标准差**（standard deviation），用希腊字母 sigma 的小写形式 σ 来表示。它的定义如下：

$$\sigma = \sqrt{\frac{1}{n} \times \sum_{i=1}^{n}(x_i - \mu)^2}$$

标准差的计算公式并不像看起来那么可怕。考虑到最终的目标是用数值来表示数据的离散程度，通过观察计算公式的组成部分，我们可以看出：

(1) 需要求出测量值与均值 μ 之间的差值 $x_i - \mu$；

(2) 需要将负数转换为正数，所以取差值的平方 $(x_i - \mu)^2$；

(3) 需要将所有的差值平方相加，即 $\sum_{i=1}^{n}(x_i - \mu)^2$；

(4) 这个相加的结果不应该受测量次数的影响，所以需要用 $\frac{1}{n}$ 进行归一化处理；

(5) 最后，取以上所有内容的平方根，这样所得的结果就会与使用绝对值时更接近。

如果看一下这两组数据的标准差，我们就会发现它们与 MAD 非常相似：

$$\sigma(a\text{组}) \approx 0.046, \ \sigma(b\text{组}) \approx 0.519$$

标准差中和了 MAD 的直观性和方差的数学简单性。注意，就像使用 MAD 一样，使用标准差时 b 组和 a 组之间的离散程度也相差约 10 倍。标准差是如此有用和普遍，以至于在概率论和统计学的大多数文献中，方差被直接定义为 σ^2，即标准差的平方。

现在我们有 3 种方法来度量数据的离散程度，计算的结果如表 11-2 所示。

表 11-2　3 种度量离散程度的方法的结果

度量离散程度的方法	a 组	b 组
平均绝对偏差	0.040	0.416
方差	0.002	0.269
标准差	0.046	0.519

这 3 种度量数据离散程度的方法没有绝对的优劣之分。到目前为止，最常用的方法是标准差，因为我们可以用标准差和均值来定义一个正态分布，而正态分布又允许我们定义测量值的可能真

值的概率。在第 12 章中，我们将学习正态分布，看看它如何帮助我们了解测量结果的置信水平。

11.5　小结

在本章中，我们学习了 3 种方法来量化一组数据的离散程度，其中最直观的方法是平均绝对偏差（MAD），也就是每个测量值与均值的平均距离。虽然很直观，但 MAD 在数学计算上不如其他方法方便。

就数学计算而言，首选方法是方差，也就是计算测量值与均值之间差值的平方的均值。但在计算方差时，我们不确定这种计算到底意味着什么。

第 3 种方法是标准差，即方差的平方根。标准差既在数学计算上比较方便，又为我们提供了合理、直观的结果。

11.6　练习

试着回答以下问题，检验一下你对这 3 种度量数据离散程度的方法的理解程度。

(1) 方差的一个好处是，求差值的平方会使惩罚指数化。举例说明在什么时候这是一个有用的性质。

(2) 计算以下数据的均值、方差和标准差。

$$1, 2, 3, 4, 5, 6, 7, 8, 9, 10$$

第12章

正态分布

在之前的两章中，我们学习了两个非常重要的概念：均值（μ）和标准差（σ）。前者用于根据不同的测量值估计真实值，后者用于度量测量值的离散程度。

单独来看，这两个概念都是有用的；放在一起，它们的威力就更强大了：一起作为**正态分布**（normal distribution）的参数，这是最著名的概率分布。

在本章中，我们将学习如何使用正态分布来确定一个确切的概率。这个概率是一个估计值与其他估计值相比时的可信程度。参数估计的真正目的不仅仅是估计一个值，而是为一系列可能的取值分配相应的概率。这让我们能够对不确定的值进行更复杂的推理。

我们在第 11 章中学习过，均值是一种基于现有数据估计未知值的可靠方法，标准差则可用于度量数据的离散程度。通过计算观察结果的离散程度，我们可以确定自己对均值的相信程度。观察结果越分散，我们对均值的把握就越小，这是有道理的。正态分布让我们在考虑观察结果时，可以精确地量化自己对各种信念的确信程度。

12.1 度量引火线燃烧时间

假设一家烟花爆竹厂正在做安全测试。测试人员知道，如果离爆炸物 200 英尺①远，就能确保安全，而他需要 18 秒的时间才能够走这么远。如果再靠近一些，他就不能保证自己安全撤离。

———————————

① 约为 61 米。——编者注

测试人员有 6 根同样长的引火线，他计划先测试其中 5 根。由于长度都一样，因此这些引火线烧完所需的时间也应该一样。测试人员点燃每根引火线，测量烧完所需要的时间，以确保自己有 18 秒的撤离时间。以下是他记录的每根引火线烧完的时间（以秒为单位）：19、22、20、19、23。

到目前为止结果还不错：没有哪根引火线烧完的时间小于 18 秒。计算这组数据的均值，可以得到 $\mu = 20.6$，计算标准差则得到 $\sigma \approx 1.62$。

但现在需要确定一个具体的概率，即根据观察到的数据，引火线在 18 秒内烧完的可能性有多大。测试人员希望有 99.9% 的把握能安全撤离。

我们在第 10 章中了解到，给定一组测量值，均值能对其真实值进行很好的估计，但没有给出任何方法来表达自己对这个值就是真实值的相信程度。

如第 11 章所述，可以通过计算标准差来测量数据的离散程度。这似乎也有助于我们计算出替代均值的可能性有多大。假设你不小心将玻璃杯掉到了地上，玻璃杯碎了。在清理时，你可以根据玻璃碎片的分散程度来决定是否需要去对面的房间检查有没有玻璃碎片。如图 12-1 所示，如果这些碎片非常聚集，你就会更确信不需要去对面的房间检查。

图 12-1　当玻璃碎片比较聚集时，你就能更确定需要清理哪里

然而如果玻璃碎片很分散，如图 12-2 所示，你可能就会想到对面房间的门口清扫一下，即使你当时并没有看到那里有碎玻璃。同样，如果引火线燃烧时间非常分散，即使没有观察到任何引火线的燃烧时间小于 18 秒，最后一根引火线也有可能会在 18 秒内烧完。

当观察结果在视觉上分散时，我们会直观地认为在自己所能看到的范围之外可能还有其他结果。我们也不太确定数据点的中心到底在哪里。以玻璃杯的例子来说，如果没有亲眼目睹玻璃杯掉落的过程，而且玻璃碎片很分散，那么我们就很难确定这些碎片的位置。

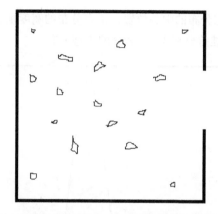

图 12-2　当玻璃碎片很分散时，你就不太确定它们可能会在哪里

　　要量化这种直觉，可以用人们研究得最多也最熟悉的概率分布：正态分布。

12.2　正态分布

　　正态分布是一种连续的概率分布（就像第 5 章中的 β 分布一样），在已知均值和标准差的情况下，它最好地描述了对不确定测量值可能信念的强度。均值 μ 和标准差 σ 是正态分布仅有的两个参数。$\mu = 0$ 且 $\sigma = 1$ 的正态分布呈钟形，如图 12-3 所示。

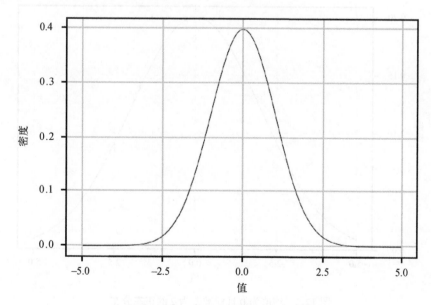

图 12-3　均值为 0 且标准差为 1 的正态分布

可以看到，均值位于正态分布的中心位置，正态分布的宽度则由其标准差决定。图 12-4 和图 12-5 显示了均值为 0 且标准差分别为 0.5 和 2 的正态分布。

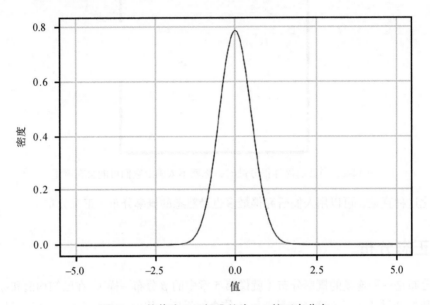

图 12-4   均值为 0 且标准差为 0.5 的正态分布

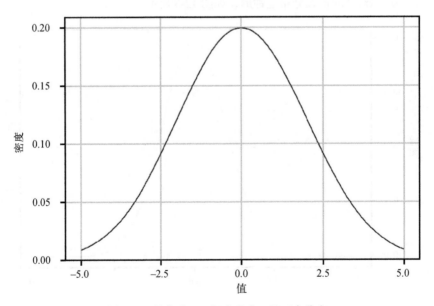

图 12-5   均值为 0 且标准差为 2 的正态分布

随着标准差的缩小，正态分布的宽度也在缩小。

如前所述，正态分布反映了我们对均值的信心。因此，如果测量值比较分散，我们就会认为有更大范围的可能值，对中心均值的信心也会降低。相反，如果所有的测量值都差不多（也就意味着 σ 很小），我们就会相信自己的估计是相当准确的。

当对一个问题的了解只有观察数据的均值和标准差时，正态分布就是我们的信念状态的最真实表示。

12.3 解决引火线问题

回到引火线问题上，我们有一个正态分布，其中 $\mu = 20.6$ 而 $\sigma \approx 1.62$。除了记录的燃烧时间，我们对引火线的其他特性一无所知，因此我们可以利用观测到的均值和标准差对数据进行正态分布的建模（见图 12-6）。

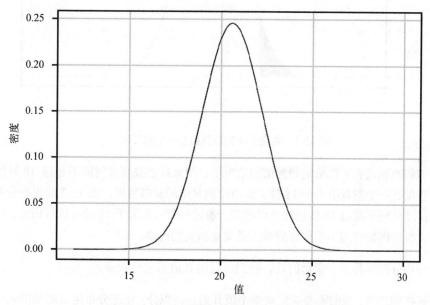

图 12-6　均值为 20.6 且标准差为 1.62 的正态分布

我们想回答的问题是：根据观测到的数据，引火线燃烧 18 秒或更短时间的概率是多少？为了回答这个问题，需要使用 PDF，我们在第 5 章中已经学习过这个概念。正态分布的 PDF 是：

$$N(\mu, \sigma) = \frac{1}{\sqrt{2\pi\sigma^2}} \times e^{-\frac{(x-\mu)^2}{2\sigma^2}}$$

为了得到所求的概率，需要在不大于 18 的值上对这个函数进行积分：

$$\int_{-\infty}^{18} N(\mu = 20.6,\ \sigma \approx 1.62)$$

你可以这样想：积分就是直接把曲线下面积作为你感兴趣的区域，如图 12-7 所示。

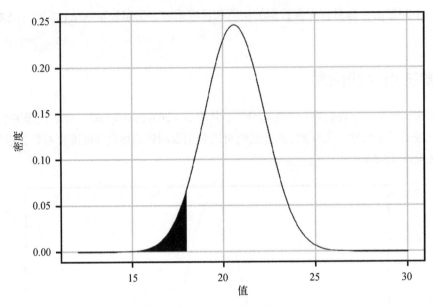

图 12-7   曲线下面积即我们感兴趣的区域

阴影区域的面积代表了在给定测量值的情况下，引火线燃烧持续时间不超过 18 秒的概率。请注意，尽管没有一个测量值小于 18 秒，但由于测量值的离散程度，图 12-7 的正态分布表明，引火线燃烧持续时间不超过 18 秒仍然是可能的。通过对所有不大于 18 的值进行积分，我们就可以计算出引火线的燃烧时间不能保证测试人员安全撤离的概率。

手动进行积分并非易事。幸运的是，我们可以用 R 语言进行积分。

不过在这样做之前，我们需要确定从哪个值开始进行积分。正态分布定义的范围包括从负无穷（ $-\infty$ ）到正无穷（ ∞ ）的所有可能值。所以在理论上我们需要计算的是：

$$P(\text{引火线燃烧持续时间} \leqslant 18\,\text{秒}) = \int_{-\infty}^{18} N(\mu,\sigma)$$

但显然，我们不能在计算机上从负无穷开始积分。幸运的是，如图 12-6 和图 12-7 所示，PDF 很快就变成了一个非常小的值。我们可以看到曲线在 10 这个位置几乎与横轴重合，这就意味着在这个区域内概率几乎为零，所以只需对从 10 到 18 的区域进行积分。我们也可以选择更小的值，比如 0，但是因为这个区域内概率几乎为零，所以它并不会影响计算结果。12.4 节将讨论一种启发式方法，使积分下限或上限的选择更容易。

我们将使用 R 语言的 integrate() 函数和 dnorm() 函数（这是 R 语言针对正态分布 PDF 的函数）进行积分，正态分布 PDF 的计算语句如下：

```
integrate(function(x) dnorm(x, mean=20.6, sd=1.62),10,18)
0.05425369 with absolute error < 3e-11
```

四舍五入后，我们可以看到 $P(引火线燃烧持续时间 \leq 18 秒) \approx 0.05$。这告诉我们，引火线燃烧持续时间小于或等于 18 秒的概率约为 5%。

正态分布的威力在于，我们可以对均值的各种可能性进行概率推理，这让我们了解了均值的现实意义。我们可以在任何时候使用正态分布来推理那些只知道均值和标准差的数据。

然而，这也是正态分布可能出问题的地方。在实践中，如果除了均值和标准差之外还有关于所求解问题的其他信息，那么最好利用这些信息。我们将在后面看一个这样的例子。

12.4 一个技巧

虽然使用 R 语言对正态分布进行积分要比手动求解积分容易得多，但是有一个非常有用的技巧，可以在处理正态分布时进一步简化问题。对任何已知均值和标准差的正态分布，我们都可以用 σ 来估计 μ 两侧的曲线下面积。

例如，从 $\mu-\sigma$（比均值小一个标准差）到 $\mu+\sigma$（比均值大一个标准差），这个范围的曲线下面积占分布质量的 68%。

也就是说，有 68% 的可能取值落在均值±一个标准差的范围内，如图 12-8 所示。

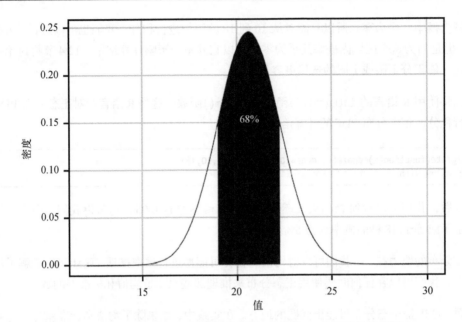

图 12-8   68%的概率密度（曲线下面积）在均值±一个标准差的范围内

我们可以继续看一下到均值的距离为 σ 倍数的范围。表 12-1 给出了这些区域范围的概率。

表 12-1   距均值不同距离时曲线下面积的概率

距均值的距离	概　　率
σ	68%
2σ	95%
3σ	99.7%

这个小技巧对于快速评估给定值的可能性非常有用，即使是很小的样本也如此。你只需要一个计算器就可以轻松计算出 μ 和 σ。这意味着你甚至可以在开会的时候做一些相当准确的估计！

举个例子，在第 10 章测量降雪量时，我们有以下测量结果：6.2、4.5、5.7、7.6、5.3、8.0、6.9。根据这些测量结果，可以得出均值约为 6.31，标准差约为 1.17。这意味着我们有 95%的把握确定，降雪量的真实值在 3.97（6.31−2×1.17）英寸和 8.65（6.31+2×1.17）英寸之间。这既无须手动计算积分，也无须启动计算机来运行 R 语言。

即使我们确实想使用 R 代码来积分，这个技巧也可以用来确定积分范围的下界或上界。如果我们想知道引火线燃烧时间超过 21 秒的概率，但又不希望从 21 开始积分直到正无穷，那么我们可以用哪个值作为积分上界呢？答案是，从 21 到 25.46（也就是 20.6+3×1.62），即到与均值相差

3 个标准差。与均值相差 3 个标准差的范围一共占据总概率的 99.7%。剩余的 0.3% 位于这个范围的两边，其中只有一半，也就是概率密度的 0.15%，位于大于 25.46 的区域。因此，如果对 21 到 25.46 这个范围进行积分，那么我们所得的结果只会遗漏极小的概率。当然，我们可以很容易地使用 R 代码对 21 到一些真正安全的上界（比如 30）进行积分，但是这需要我们弄清楚"真正安全"意味着什么。

12.5　"N 西格玛"事件

你应该听说过用**西格玛事件**（sigma event）来描述某件事情，例如，某股价的下跌是一个 8 西格玛事件。这种表述的意思是，观察到的数据与均值有 8 个标准差。我们在表 12-1 中看到了距均值分别有 1 个、2 个和 3 个标准差的概率，分别是 68%、95% 和 99.7%。你很容易根据这些数据做出判断，一个 8 西格玛事件是极不可能发生的。事实上，如果你观察到的数据与均值相差 5 个标准差，那么这很可能说明你建立的正态分布并没有准确地模拟相应的数据。

为了说明一个事件随着 N 西格玛的增加而变得越来越罕见，我们以你在某一天中可能观察到的事件为例。有些事件非常常见，例如你在日出时醒来；另一些事件则不太常见，比如醒来后发现那天是你的生日。表 12-2 显示了每增加 1 西格玛，需要多长时间来期待该事件发生。

表 12-2　事件随着 N 西格玛的增加而越来越罕见

距均值的距离	预计每隔多长时间发生一次
σ	3 天
2σ	3 周
3σ	1 年
4σ	40 年
5σ	5000 年
6σ	140 万年

可见，一觉醒来发现今天是你的生日，这是 3 西格玛事件。一觉醒来发现一颗巨大的小行星正在撞向地球，这是 6 西格玛事件。

12.6　β 分布和正态分布

你可能还记得在第 5 章中学习的 β 分布。在给定结果总数是 $\alpha + \beta$ 次的情况下，其中期望的结果出现 α 次而不期望的结果出现 β 次，β 分布可以估计真实的概率。基于这一点，你可能会质疑，在只知道给定数据集的均值和标准差的情况下，正态分布是否为最好的参数估计建模方法。

毕竟，只通过观察发现出现 3 次 1 和 4 次 0，我们就可以建立 $\alpha=3$、$\beta=4$ 的 β 分布模型。这组数据的 $\mu\approx0.43$，而 $\sigma\approx0.53$。现在我们可以将 $\alpha=3$、$\beta=4$ 的 β 分布与 $\mu\approx0.43$、$\sigma\approx0.53$ 的正态分布进行比较，如图 12-9 所示。

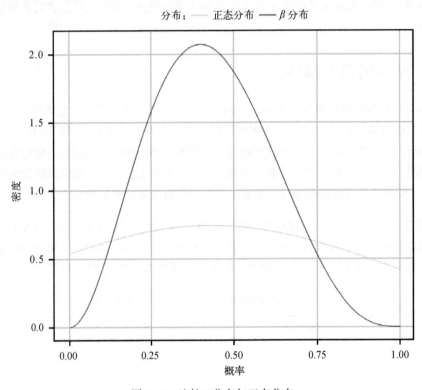

图 12-9　比较 β 分布与正态分布

很明显，这两种分布大不相同。我们可以看到，对这两种分布来说，质心出现在大致相同的地方，但正态分布的边界远远超出了图 12-9 的范围。这说明了一个关键点：除均值和标准差之外，只有当对一组数据一无所知时，我们才可以安全地使用正态分布。

对 β 分布，我们知道要找的值肯定介于 0 和 1 之间；而正态分布则定义在 $-\infty$ 到 ∞ 上，这通常会包括不可能存在的值。然而，在大多数情况下，这实际上并不重要，因为从概率的角度来看，基本上不可能有那么远的测量值。但对度量事件发生概率的例子来说，缺失的信息对问题的建模非常重要。

因此，虽然正态分布是一个非常强大的工具，但仍然有必要获得相关问题的更多信息。

12.7 小结

正态分布是使用测量值的均值来估计真实值的扩展方法。正态分布结合了均值和标准差来模拟测量值相对于均值的离散程度。这很重要，因为它让我们能够以概率的方式分析测量中的误差。我们不仅可以用均值作为最佳的估计值，还可以从概率角度表述估计值的可能范围。

12.8 练习

试着回答以下问题，检验一下你对正态分布的理解程度。

(1) 测量值比均值大 5 西格玛或更多的概率是多少？

(2) 发烧是指体温高于 100.4 华氏度。根据以下测量结果判断患者发烧的概率是多少。

100.0, 99.8, 101.0, 100.5, 99.7

(3) 假设在第 11 章中，我们通过对硬币下落的时间来测量井深，并得到以下数据：2.5、3、3.5、4、2。物体下落的距离可以用如下公式计算（以米为单位）：距离 $= \frac{1}{2} \times g \times t^2$，其中 g 为 9.8 米/秒^2，t 为时间。井深超过 500 米的概率是多少？

(4) 不存在井的可能性有多大（也就是说，井深为 0 米）？给定条件是，你观察到确实有这样一口井。你会发现，这个概率比你预期的要高。有两个理由可以解释这一点。第一，对我们的测量来说，正态分布是一个糟糕的模型；第二，在编造这个例子的数值时，我选择了在现实生活中不会出现的值。你觉得哪种可能性更大？

第 13 章

参数估计工具：PDF、CDF 和分位函数

到目前为止，第三部分主要关注的是正态分布的构成要素及其在参数估计中的应用。本章将更深入地探索一些数学工具，利用这些工具可以做出更好的估计。我们将以真实世界的一个问题为例，了解如何使用度量、函数及可视化等方式处理这个问题。

本章将更详细地讨论概率密度函数（PDF），并介绍累积分布函数（CDF），后者让我们更容易确定数值范围的概率。此外本章还将介绍分位数，它将概率分布划分为概率相等的几个部分。例如，**百分位数**（percentile）表示要把概率分布分成 100 等份。

13.1　估计邮件列表的转化率

假设你运营着一个博客，你想知道访问者订阅你的邮件列表的概率。在营销术语中，让用户执行期望的事件称为**转化事件**（conversion event），或者简称为**转化**（conversion），而用户订阅的概率就是**转化率**（conversion rate）。

正如第 5 章所讨论的那样，当知道订阅的人数 k 及访客总数 n 时，就可以用 β 分布来估计订阅的概率 P。β 分布需要的两个参数 α 和 β，在这里分别是订阅的人数 k 和未订阅的人数 $(n-k)$。

在前文学习 β 分布时，我们只学习了它的基本知识和行为方式。在本章中，我们会看到如何将它作为参数估计的基础使用。我们不仅需要对转化率做出单一值的估计，而且还要得出一个可能值的取值范围，让我们可以很有信心地确定真实转化率就在这个范围之内。

13.2　PDF

我们将使用的第一个工具是 PDF。到目前为止，我们已经在本书中多次见到 PDF，例如在第

5章讨论 β 分布时，在第 9 章中使用 PDF 来组合贝叶斯先验概率时，此外在第 12 章讨论正态分布时也用到了 PDF。PDF 是一个函数，传给它一个值，它会返回该值的概率。

以估算邮件列表真实转化率为例，假设最初的 40 000 个访客中，有 300 个人订阅了邮件列表。这里 β 分布（其中 $\alpha = 300$，$\beta = 39\,700$）的 PDF 是：

$$\text{Beta}(x; 300,\ 39\,700) = \frac{x^{300-1}(1-x)^{39\,700-1}}{\text{beta}(300,\ 39\,700)}$$

我们已经花了很多时间讨论，在存在不确定性的情况下，使用均值估计真实值是一个有效的方法。大多数 PDF 有均值，β 分布均值的计算公式如下：

$$\mu_{\text{Beta}} = \frac{\alpha}{\alpha + \beta}$$

这个公式比较直观，只需要将关心结果的数量（300）除以结果总数（40 000）。这与直接将每个订阅视为观测值 1，未订阅视为观测值 0，然后取它们的均值所得的结果是一样的。

这个均值是我们估计真实转化率这一参数的第一个尝试，但我们仍然想知道转化率的其他可能值。下面继续探索 PDF，看看还能学到什么。

13.2.1 PDF 的可视化和解释

PDF 通常是理解概率分布的关键函数。图 13-1 展示了邮件列表转化率 β 分布模型的 PDF。

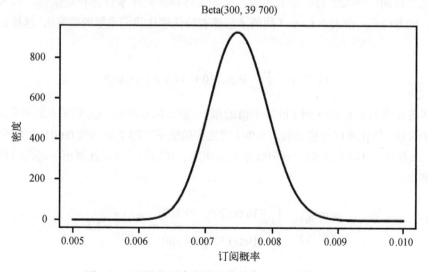

图 13-1 可视化对真实转化率信念的 β 分布的 PDF

这个 PDF 代表什么？根据之前的数据可以知道，邮件列表的平均转化率是：

$$\frac{\text{订阅者数}}{\text{访问者数}} = \frac{300}{40\,000} = 0.0075$$

这也是该 β 分布的均值。转化率正好是 0.0075，而不是像 0.007 51 这样的其他值，似乎也不太可能是其他的值。我们知道 PDF 曲线下区域的面积加起来一定等于 1，因为 PDF 代表了所有可能估计值的概率。我们可以通过观察自己所关心范围内曲线下区域的面积来估计真实转化率的取值范围。在微积分中，曲线下区域的面积就是积分，它表示在我们感兴趣的 PDF 区域内的总概率是多少。这与第 12 章中使用正态分布进行积分一样。

由于在测量中存在着不确定性，而且我们有一个均值，因此更有用的是，研究真实转化率比观察到的均值 0.0075 高 0.001 或者低 0.001 的可能性有多大。这样做能得到一个可接受的误差范围（也就是说，我们会对这个范围内的任何值都感到满意）。为此，我们可以计算实际转化率低于 0.0065 的概率，以及高于 0.0085 的概率，然后进行比较。转化率实际上要比观测值低很多的概率是这样计算的：

$$P(\text{更低}) = \int_0^{0.0065} \text{Beta}\,(300,\ 39\,700) \approx 0.008$$

请记住，当计算一个函数的积分时，我们只是对函数曲线下的所有小块面积求和。如果对 α 为 300、β 为 39 700 的 β 分布计算从 0 到 0.0065 的积分，那么只需要把这个范围内所有值的概率加起来，就可以确定真实转化率在 0 到 0.0065 的概率。

我们也可以问一些关于另一端的问题，比如实际得到的样本数据异常糟糕，而真实转化率要高得多，比方说是一个大于 0.0085 的值（意味着转化率比我们希望的要好），这样的可能性有多大？

$$P(\text{更高}) = \int_{0.0085}^{1} \text{Beta}\,(300,\ 39\,700) \approx 0.012$$

要确定真实转化率是从 0.0085 到 1 的某个值的概率，需要从 0.0085 积分到最大的可能值 1。因此，对这个例子来说，转化率比观察到的高 0.001 或更多的概率实际上要比低 0.001 或更多的概率大。这意味着，如果不得不用所掌握的有限数据来做决定，我们仍然可以计算出一端的可能性要比另一端的大多少：

$$\frac{P(\text{更高})}{P(\text{更低})} = \frac{\int_{0.0085}^{1} \text{Beta}\,(300,\ 39\,700)}{\int_0^{0.0065} \text{Beta}\,(300,\ 39\,700)} = \frac{0.012}{0.008} = 1.5$$

因此，真实转化率大于 0.0085 的可能性要比小于 0.0065 的可能性大 50%。

13.2.2 在 R 语言中处理 PDF

本书已经使用过两个 R 函数来处理 PDF, 即 dnorm() 和 dbeta()。对于大多数为人熟知的概率分布, R 语言提供了一个等价的 dfunction() 函数来计算 PDF。

像 dbeta() 这样的函数对估算连续的 PDF 也很有用。例如, 你可以利用它快速绘制出如下数值的分布图。

```
xs <- seq(0.005, 0.01, by=0.00001)
plot(xs, dbeta(xs,300,40000-300), type='l', lwd=3,
    ylab="density",
    xlab="probability of subscription",
    main="PDF Beta(300,39700)")
```

注意：为便于理解这段代码, 请参看附录 A。

在这段示例代码中, 我们创建了一个相隔 0.000 01 的数值序列。这个距离很小, 但并不是连续分布中的无限小。尽管如此, 当绘制出这些值的分布图后, 我们看到的曲线相当接近一个真正的连续分布（见图 13-1）。

13.3 CDF

PDF 最常见的数学用途就是用积分来求解与各种范围相关的概率, 就像 13.2 节中所做的那样。然而, 使用**累积分布函数**（cumulative distribution function, CDF）可以节省大量的精力。它对分布的所有部分进行求和, 从而省去了大量的积分工作。

CDF 接收一个值后, 会返回得到该值或更小值的概率。例如, 当 $x = 0.0065$ 时, Beta(300, 39 700) 的 CDF 约为 0.008。也就是说, 真实转化率小于或等于 0.0065 的概率为 0.008。

CDF 是通过计算 PDF 曲线下的累积面积得到的这个值（熟悉微积分的人知道, CDF 是 PDF 的原函数）。我们可以把这个过程概括为两个步骤：(1) 计算出 PDF 的每个值在曲线下的累积面积；(2) 绘制这些值的分布图。这样就得到了 CDF。在任何给定的 x 值处, 曲线对应的值就是得到 x 或更小值的概率。当 $x = 0.0065$ 时, 曲线对应的值为 0.008（这是前面计算得出的值）。

为了理解它是如何工作的, 我们把当前的 PDF 切分成长度为 0.0005 的小块, 主要关注 PDF 中概率密度最大的区域：从 0.006 到 0.009 的区域。

图 13-2 显示了 Beta(300, 39 700)对应的 PDF 曲线下的累积面积。可以看到，曲线下的累积面积将一个值左侧的所有区域都计算在内了。

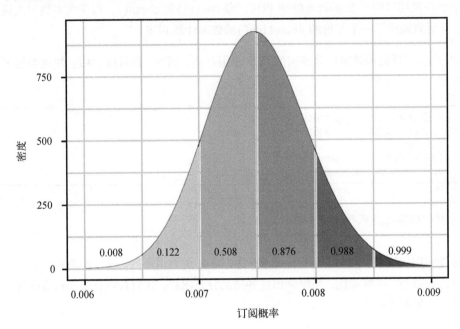

图 13-2　可视化曲线下的累积面积

从数学上来说，图 13-2 表示的是以下的积分序列：

$$\int_0^{0.0065} \mathrm{Beta}(300,\ 39\ 700)$$

$$\int_0^{0.0065} \mathrm{Beta}(300,\ 39\ 700) + \int_{0.0065}^{0.007} \mathrm{Beta}(300,\ 39\ 700)$$

$$\int_0^{0.0065} \mathrm{Beta}(300,\ 39\ 700) + \int_{0.0065}^{0.007} \mathrm{Beta}(300,\ 39\ 700) + \int_{0.007}^{0.0075} \mathrm{Beta}(300,\ 39\ 700)$$

（以此类推）

利用这种方法，当沿着 PDF 移动时，我们计算在内的概率会越来越大，直到总面积为 1，即完全没有不确定性。为了将它转化为 CDF，我们可以设想一个只关注曲线下这些区域的函数。图 13-3 显示了为每一个点绘制对应的曲线下面积的情况，这些点相互间距 0.0005。

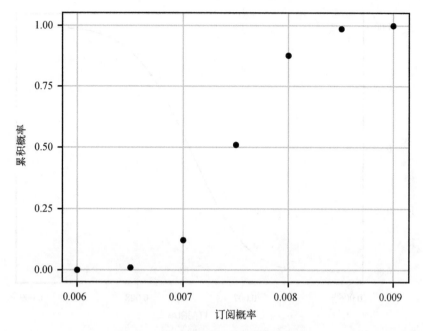

图 13-3 仅绘制图 13-2 中的累积概率

现在，我们有一种可视化方法，可以看到沿着 PDF 曲线移动时，曲线下的累积面积是如何变化的。当然，关键是我们使用了离散的组块。实际上，CDF 使用的 PDF 区域块无限小，所以我们能够得到非常漂亮的平滑曲线（见图 13-4）。

在这个例子中，我们以直观的方式推导出了 CDF。用数学方法去推导 CDF 要难得多，往往会遇到非常复杂的方程。幸运的是，我们可以使用代码来处理 CDF，你将在后面的几节中看到这一点。

13.3.1 CDF 的可视化和解释

PDF 在视觉上最有用，它可以让我们快速确认分布的峰值位置，并对分布的宽度（方差）和形状有一个大致的了解。然而，只有 PDF，很难直观地分析出不同范围的概率，此时更适合使用 CDF。例如，可以使用图 13-4 中的 CDF 直观地分析示例问题的概率估值，而且这个估值范围要比单独使用 PDF 更广。下面通过几个直观的例子来说明如何使用这个神奇的数学工具。

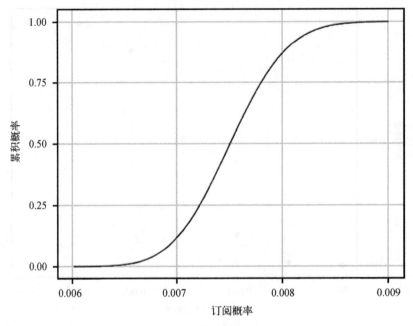

图 13-4　示例问题的 CDF

13.3.2　求中位数

中位数是一个值，数据中一半的值落在它的一边，另一半的值落在它的另一边，它是数据正中间的那个值。换句话说，一个值大于中位数的概率和小于中位数的概率都是 0.5。在数据包含极端值的情况下，中位数对于总结数据特别有用。

与均值不同，中位数的计算实际上相当棘手。对数据量小的离散数据，计算中位数很简单，就是将测量值按顺序排列并选择中间的值。但对于像 β 分布这样的连续分布来说，中位数的计算过程就有点复杂了。

值得庆幸的是，很容易在 CDF 图中找到中位数。只要过累积概率为 0.5 的点（这意味着 50% 的值低于这个点，50% 的值高于这个点）画一条垂直于 x 轴的直线，这条直线与 x 轴的交点就是我们要找的中位数，如图 13-5 所示。

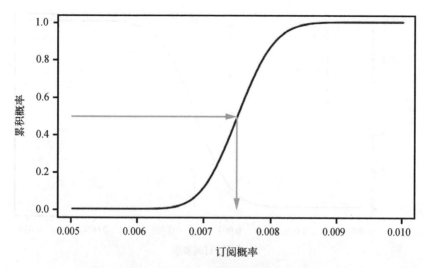

图 13-5 用 CDF 直观地估算中位数

可以看到，数据的中位数在 0.007 和 0.008 之间（这个值恰好非常接近均值 0.0075，这意味着数据的分布并不是太偏）。

13.3.3 可视化近似求积分

在处理概率范围时，我们经常想知道真实值位于某两个值 x 和 y 之间的概率。

我们可以使用积分来解决这类问题。不过，即使 R 语言让求解积分更容易，要理解这些数据并不断用 R 语言来计算积分还是非常耗时的。由于想要的只是一个粗略的估计，即访客订阅邮件列表的概率会落在哪个特定的范围内，因此并不需要使用积分。CDF 就可以让人们非常容易地观察到某个范围内的数值是否有很高或很低的概率。

要估计转化率在 0.0075 和 0.0085 之间的概率，我们可以在这两个点处画垂直于 x 轴的直线，然后看它们与 CDF 曲线的交点对应的纵坐标。y 轴上这两点之间的距离就是近似积分，如图 13-6 所示。

可以看到，在 y 轴上，这些值大约在 0.50 和 0.99 之间，也就是说，真实转化率介于 0.0075 和 0.0085 这两个值之间的概率约为 49%。最重要的是，这不需要计算积分！当然，这是因为 CDF 表示的是从函数的最小值到最大值的所有可能值的积分。

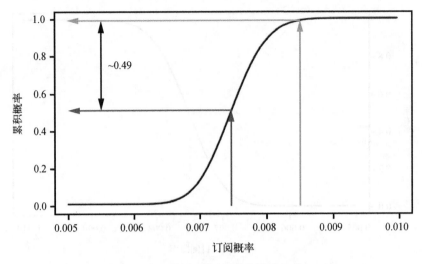

图 13-6　使用 CDF 可视化计算积分

　　由于几乎所有关于参数估计的概率问题都涉及与某些信念范围相关的概率，因此，CDF 通常是比 PDF 更有用的可视化工具。

13.3.4　估算置信区间

　　观察数值范围的概率，我们会发现概率论中有一个非常重要的概念：置信区间（confidence interval）。置信区间给出了数值范围的下界和上界，此范围通常以均值为中心，范围内的是比较高的概率，如 95%、99% 或者 99.9%。例如，当使用"95% 的置信区间是从 12 到 20"这样的表述时，其意思是，测量的真实值有 95% 的概率在 12 和 20 之间。在处理不确定信息时，置信区间是一种描述可能性范围的好方法。

注意：在贝叶斯统计中，所说的"置信区间"也可以用其他的表述，比如"临界区域"或"临界区间"。在一些比较传统的统计学派别中，"置信区间"的含义略有不同，不过这不在本书的讨论范围内。

　　CDF 可以用来估算置信区间，比如我们想知道有 80% 的可能性覆盖真实转化率的区间。我们可以结合前面的方法来解决这个问题：在 y 轴上的 0.1 处和 0.9 处画垂线（覆盖 80% 的转化率），然后只要看这些垂线与 CDF 相交位置的横坐标就可以，如图 13-7 所示。

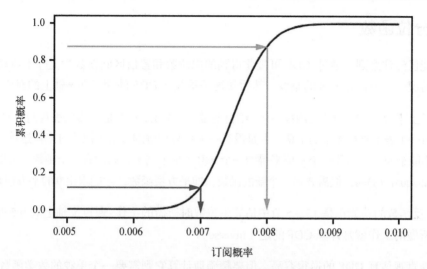

图 13-7 使用 CDF 可视化估算置信区间

可以看到，相应的横坐标分别为 0.007 和 0.008，这意味着真实的转化率有 80%的概率在这两个值之间。

13.3.5 在 R 语言中使用 CDF

就像几乎所有主要的 PDF 相关函数都以 d 开头一样，比如 dnorm()，与 CDF 相关的函数都以 p 开头，比如 pnorm()。在 R 语言中，要计算 Beta(300, 39 700)小于 0.0065 的概率，只需调用 pbeta()函数，像下面这样：

```
pbeta(0.0065,300,39700)
> 0.007978686
```

而要计算转化率大于 0.0085 的概率，则可以这样做：

```
pbeta(1,300,39700)- pbeta(0.0085,300,39700)
> 0.01248151
```

CDF 的最大优点在于，无论分布是离散的还是连续的，都可以用它来计算。例如，想确定在 5 次掷硬币实验中最多得到 3 次正面的概率，可以使用二项分布的 CDF，就像下面这样。

```
pbinom(3,5,0.5)
> 0.8125
```

13.4　分位函数

你可能已经注意到，通过 CDF 可视化得到的中位数和置信区间在数学上并不容易得到。在可视化的情况下，只需作 y 轴的垂线，然后找这条垂线与 CDF 的交点在 x 轴上的对应点。

从数学上来说，CDF 和其他函数一样，给自变量 x 一个值，这个值通常代表我们想要估算的值，它就会返回一个表示累积概率的 y 值。但是没有一个容易理解的方法可以反过来做这件事，也就是说，我们不能给同样的函数一个 y 值来得到一个 x 值。举个例子，假设有一个函数，可以对数进行平方，例如 square(3)=9，但需要另一个新的函数，即平方根函数，才能求出 9 的平方根是 3。

然而，反函数的功能正是 13.3.5 节中估算中位数时所做的工作：通过 y 轴上的 0.5 追溯到 x 轴上。我们所做的工作就是计算 CDF 的逆（inverse）。

粗略地直观估算 CDF 的逆很容易，但要精确地计算它则需要一个单独的数学函数。CDF 的逆函数是一种非常常见和有用的工具，叫作**分位函数**（quantile function）。为了计算中位数和置信区间的精确值，我们需要计算 β 分布的分位函数。就像 CDF 一样，分位函数在数学上的推导和使用往往非常棘手，所以我们使用计算机来完成这些繁重的工作。

13.4.1　分位函数的可视化和解释

由于分位函数就是 CDF 的逆函数，因此它看起来就像是 CDF 函数的图像以中心为原点，进行了翻转，如图 13-8 所示。

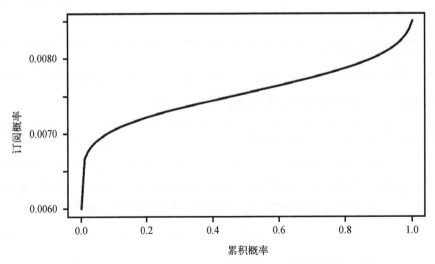

图 13-8　从视觉上看，分位函数就像 CDF 图像翻转过来一样

每当听到如下的表述时：

"前 10%的学生……"

"收入最低的 20%的人收入低于……"

"上四分位数的人表现明显好于……"

需要明白，这些都是用分位函数得到的值。要直观地查找一个分位数，只需在 x 轴上找到你感兴趣的值，然后看看它与分位函数的交点对应的纵坐标，这个 y 值就是该分位数的值。注意，如果想表达"前 10%"，需要用到的是 90%分位数。

13.4.2 利用 R 语言计算分位数

R 语言中同样有计算分位数的函数 qnorm()，这个函数对于快速回答什么值是概率分布的边界之类的问题非常有用。如果想知道 β 分布中 99.9%的分布都小于什么值，可以使用 qbeta()函数，其中我们感兴趣的分位数是第一个参数，β 分布的参数 α 和 β 是第二个和第三个参数，就像下面这样：

```
qbeta(0.999,300,39700)
> 0.008903462
```

结果约等于 0.0089，这意味着我们可以 99.9%地确定邮件列表的真实转化率小于 0.0089。同时，我们也可以使用分位函数快速计算出估算的置信区间的精确值。为了得出 95%的置信区间，我们可以计算大于 2.5%的下分位数值和小于 97.5%的上分位数值，它们之间的区间就是 95%的置信区间（两端未计算的区域共占概率密度的 5%）。利用 qbeta()函数，很快就可以计算出这些值：

下界是 qbeta(0.025,300,39700) = 0.0066781
上界是 qbeta(0.975,300,39700) = 0.0083686

现在我们可以自信地说，自己有 95%的把握肯定，真实转化率在 0.67%和 0.84%之间。

当然，我们可以根据实际需要的确定性来增大上界或减小下界。在了解所有这些参数估计工具之后，确定转化率的准确范围就很容易了。令人欣喜的是，它还可以用来预测未来事件的取值范围。

假设你的博客上有一篇文章走红，并获得了 10 万的访问量。根据前面的计算，可以预计会有 670 个到 840 个新增的邮件列表订阅者。

13.5   小结

本章介绍了很多内容，我们讨论了概率密度函数（PDF）、累积分布函数（CDF）和分位函数之间的有趣关系。这些工具为我们估计参数以及计算对这些估计的置信度打下了基础。这意味着我们不仅可以很好地估算未知值，还可以确定很大程度上能代表参数可能范围的置信区间。

13.6   练习

试着回答下面的问题，检验你对参数估计工具的理解程度。

(1) 参照 13.2.2 节绘制 PDF 的代码示例，绘制出相应的 CDF 和分位函数。

(2) 回到第 10 章测量降雪量的情境，假设你得到了以下的降雪测量值（单位为英寸）：

$$7.8, 9.4, 10.0, 7.9, 9.4, 7.0, 7.0, 7.1, 8.9, 7.4$$

请计算降雪量真实值的 99.9% 置信区间。

(3) 一个小女孩正在挨家挨户地卖糖果棒。到目前为止，她已经去了 30 户人家，卖出了 10 根糖果棒，接下来她还要再去 40 户人家。那么，在剩下的时间里她卖出糖果棒数量的 95% 置信区间是多少？

第14章

有先验概率的参数估计

在第13章中，我们讨论了如何使用一些重要的数学工具来估计博客访问者订阅邮件列表的转化率。然而，这还没有涉及参数估计最重要的内容之一：利用我们对所关注问题的现有信念。

在本章中，我们将学习如何利用先验概率和观察到的数据，也就是将现有的知识与收集的数据相结合，从而得出更好的估计。

14.1　预测电子邮件的转化率

为了理解 β 分布如何随着获得的信息而变化，下面来看看另一个例子。在这个例子中，我们将计算你的订阅者在打开电子邮件后点击给定链接的比例。大多数提供邮件列表管理服务的公司会实时反馈，有多少人打开了一封邮件并点击了其中的链接。

目前的数据显示，在打开邮件的前 5 个人中，有两个人点击了链接。图 14-1 显示了我们所掌握数据的 β 分布。

图 14-1 显示的分布是 Beta(2, 3)。参数之所以是 2 和 3，是因为有 2 个人点击了链接，而另外 3 个人没有点击。第 13 章中的取值范围比较小，而这里，我们得到的真实转化率的取值范围很大，因为我们掌握的信息很少。图 14-2 显示了该数据的 CDF，这能帮助我们更容易地推理这些概率。

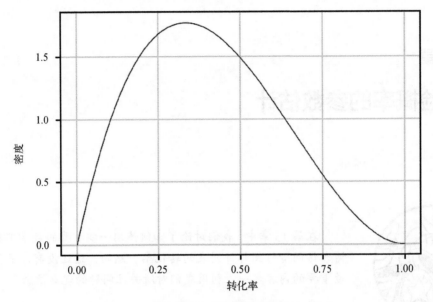

图 14-1　到目前为止我们所观察数据的 β 分布

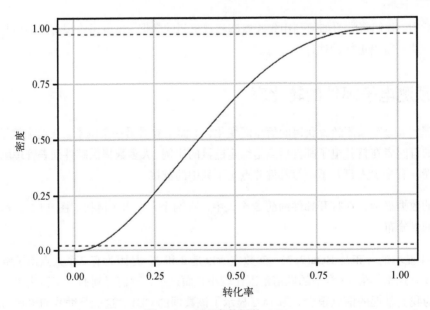

图 14-2　所观察数据的 CDF

95%的置信区间（真实转化率位于这个区间内的概率为95%）被标记出来了，让我们更容易看清。当前的数据显示，真实转化率可能在0.05和0.8之间。这反映了到目前为止我们实际获得的信息太少。由于有2个用户点击了所给链接，我们知道真实转化率不可能是0；又因为还有3个用户没有点击所给链接，我们又知道真实转化率不可能是1。其他的内容几乎都依靠猜测。

14.2　在更大的背景下考虑先验

这里需要进一步解释，你可能对邮件列表还不太熟悉，因为80%的点击率听起来不太可能。我订阅了大量的邮件列表，但当我打开邮件时，点击所给链接的概率绝不会达到80%。一旦考虑到我自己的行为，我就意识到以80%的比例来计算似乎太天真了。

事实证明，你的电子邮件服务提供商也认为这很可疑。让我们在更大的背景下来看看。对那些与你的博客同属一类的博客，服务提供商的数据显示，平均只有2.4%的人在打开电子邮件时会点击所给链接。

在第9章中，我们学习了如何利用过去的信息来改变自己的信念，即汉·索罗可以成功地穿过小行星带的例子。所以，当数据告诉我们一件事，但背景信息告诉我们另外一件事的时候，你就知道，在贝叶斯术语中，我们观察到的数据是似然，而外部背景信息则是先验概率。在本章的例子里，先验指个人的经验和电子邮件服务商提供的信息。我们现在面临的挑战则是如何对先验进行建模。幸运的是，与汉·索罗的情况不同，这里其实有一些数据可以帮助我们。

电子邮件服务商提供的2.4%的转化率给了我们一个起点：现在我们知道自己想要的是一个均值约为0.024的β分布。（β分布的均值是$\frac{\alpha}{\alpha+\beta}$。）然而，这仍然留给我们一系列可能的选择：Beta(1, 41)、Beta(2, 80)、Beta(5, 200)以及Beta(24, 967)，等等。那么应该选择哪一种呢？下面让我们把其中的一些分布画出来，看看它们都是什么样子（见图14-3）。

可以看到，$\alpha+\beta$的值越小，我们得到的分布就越宽。现在的问题是，即使是最宽的选项，Beta(1, 41)，似乎也有些太悲观了，因为它的大部分概率密度在很小的值上。尽管如此，我们还是会使用这个分布，因为它基于电子邮件服务商提供的转化率为2.4%这一数据，是最弱的先验数据。"弱"的先验意味着，随着收集的数据增加，它更容易被实际数据改写。而更强的先验，比如Beta(5, 200)，则需要更多的数据才能改变（后面会看到证据）。是否使用强先验，需要根据先验数据描述你当前所做事情的吻合程度来判断。正如我们将要看到的那样，当处理少量数据时，即使是弱的先验数据也能帮助我们做出更加真实的估计。

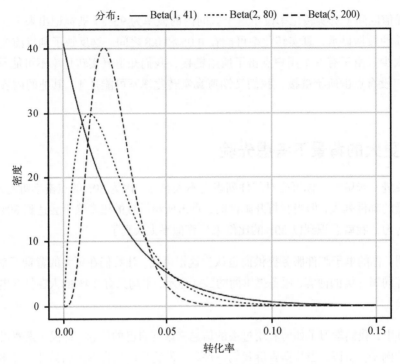

图 14-3 比较不同的先验概率

请记住，在使用 β 分布时，我们可以通过直接将两个 β 分布的参数相加来计算后验分布（也就是将似然和先验相加）：

$$\text{Beta}(\alpha_{后验}, \beta_{后验}) = \text{Beta}(\alpha_{先验} + \alpha_{似然}, \beta_{先验} + \beta_{似然})$$

使用这个公式，可以比较有无先验的信念，如图 14-4 所示。

呀，这很让人警醒！尽管使用的是相对较弱的先验，但可以看到，它对我们认为的实际转化率产生了巨大的影响。请注意，对于没有先验的似然，我们有些相信转化率可能高达 80%。如前所述，这是非常可疑的，任何有经验的电子邮件营销人员都会告诉你，80% 的转化率是闻所未闻的。在似然的基础上加先验，可以调整信念，让它变得更加合理。但我仍然认为更新后的信念有点悲观。也许电子邮件的真实转化率不足 40%，但它仍然可能会比当前的后验分布表明的要好。

如何证明我们自己的博客转化率要强于邮件服务商所掌握的转化率仅为 2.4% 的网站呢？任何理性的人都会这样做：用更多的数据说话！我们用了几小时来收集更多的数据，结果发现，在 100 个打开电子邮件的人中，有 25 个人点击了链接。下面看看新的后验概率和似然之间的差异，如图 14-5 所示。

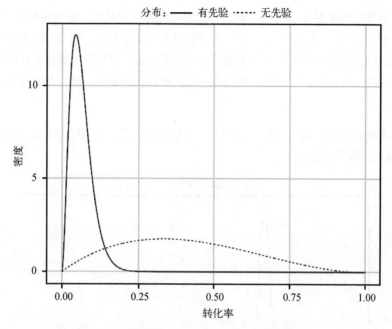

图 14-4 比较似然（无先验）和后验（有先验）

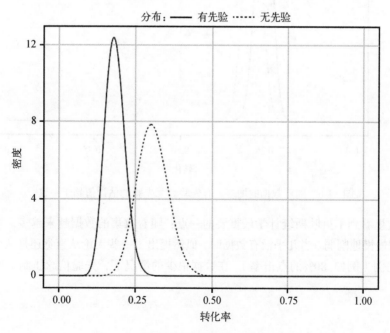

图 14-5 用更多的数据更新我们的信念

　　随着收集的数据越来越多,可以看到,有先验的后验分布开始向没有先验的后验分布转变。先验仍然制约着我们的认知,它给了一个更保守的真实转化率估计。然而,随着为似然添加更多的数据,它开始对后验信念产生更大的影响。换句话说,额外观察到的数据正在做它应该做的事情:慢慢地改变我们的信念,使之与它表明的一致。就让我们多等一晚,看看收集到更多的数据后情况会怎样。

　　第二天早上我们发现,共有 300 个用户打开了他们的邮件,其中有 86 人点击了所给链接。图 14-6 显示的是更新后的信念。

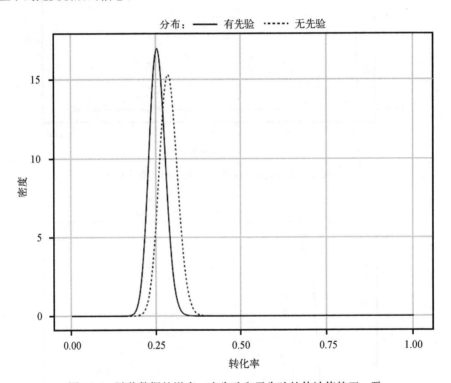

图 14-6   随着数据的增多,有先验和无先验的估计值趋于一致

　　我们在这里看到了贝叶斯统计学最重要的一点:随着收集的数据越来越多,先验信念可能会被新的数据慢慢地削弱。当几乎没有数据时,似然提出了一些无论从直觉还是从个人经验来看都很荒谬的比例(例如 80%的点击率)。在数据很少的情况下,先验信念压制了所掌握的任何数据。

但随着不断收集到与先验信念不一致的数据，后验信念就会慢慢偏向收集的数据所告诉我们的内容，偏离最初的先验信念。

另一个重要的启示是，最好从一个比较弱的先验信念开始。即便如此，仅仅在一天之后收集了不太多的信息，我们也能够得到一个看起来合理得多的后验信念。在这种情况下，先验概率分布给了我们极大的帮助，让我们在缺乏数据的情况下保证估计的真实性。这个先验概率分布是基于真实数据的，所以我们有理由认为它能让估计更接近现实。然而，在很多情况下，我们根本没有任何数据来支持自己的先验信念，此时我们该怎么办呢？

14.3　作为量化经验方法的先验

因为知道邮件点击率高达 80% 是很荒谬的，所以我们使用邮件提供商的数据作为先验做出了更好的估计。然而，即使没有数据可以用来构建先验，我们仍然可以请有营销背景的人帮助自己做出好的估计。例如，营销人员可能会根据个人经验知道，转化率应该在 20% 左右。

鉴于这些信息来自经验丰富的专业人士，你可能会选择一个相对较弱的先验，比如 Beta(2, 8)，以表明预期的转化率应该在 20% 左右。这个分布只是一个猜测，但重要的是我们可以量化这个猜测。几乎对每一项业务来说，专家通常都可以根据以往的经验和观察提供有效的先验信息，即使他们没有受过专门的概率训练。

通过量化这些经验和观察，我们可以得到更准确的估计，并了解它们如何在不同的专家之间变化。如果一个营销人员确定真实的转化率是 20%，那么就可以将这个信念建模为 Beta(200, 800)。随着所收集数据的增多，我们可以比较模型，并构造多个置信区间，对任意专家的信念建立量化模型。此外，随着获得的信息越来越多，由先验信念造成的差异会逐渐减小。

14.4　什么都不知道时，是否有合理的先验可供使用

有一些统计学派认为，在没有其他先验的情况下进行参数估计，参数 α 和 β 都应该加 1。这相当于使用了一个非常弱的先验，认为每种结果的可能性都相同：Beta(1, 1)。论点是，这是在没有信息的情况下我们所能得出的"最公平"（也最弱）的先验。公平先验的技术术语是**无信息先验**（noninformative prior）。Beta(1, 1)的分布如图 14-7 所示。

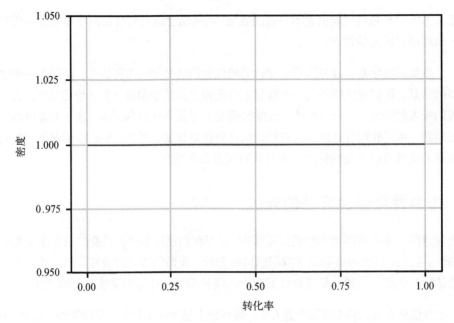

图 14-7　无信息先验 Beta(1, 1)

可以看到，这是一条完美的直线，所以所有结果的可能性都相等，平均可能性为 0.5。使用无信息先验背后的想法是，可以通过添加先验来进行估计，只不过这个先验并不偏向任何特定的结果。然而，虽然这一开始看起来可能是解决问题最公平的方式，但当我们进行测试时就会发现，即使是这种非常弱的先验也会产生一些奇怪的结果。

我们以明天太阳升起的概率为例：假定你现在 30 岁，那么你一生中大约经历了 11 000 次日出，现在有人问你明天太阳升起的概率。为了公平，你使用了无信息先验，即 Beta(1, 1)。根据你的经验，代表你相信明天太阳不会升起的分布是 Beta(1, 11 001)。虽然这个分布给出的明天太阳不会升起的概率很小，但它也表明：预计在 60 岁的时候，你至少能看到一次太阳不会升起。所谓的“无信息”的先验，其实是提供了一个关于世界如何运作的非常有力的观点。

你可能会辩解，这只是因为我们了解天体力学，它已经产生了足够强大的、让人不能忘记的先验信息。但真正的问题是，我们从未观察到太阳不升起的情况。如果回到没有无信息先验的似然函数，我们会得到 Beta(0, 11 000)。

然而，当 α 或 $\beta \leqslant 0$ 时，β 分布是未定义的，这意味着“太阳明天升起的概率”的正确答案是：这个问题没有意义，因为我们从未见过反例。

再举一个例子，假设你发现了一个传送门，可以把你和朋友传送到另一个世界。一个外星生物出现在你面前，并用一把看起来很奇怪的枪向你开火，但没有打中。你的朋友问："这把枪哑火的概率是多少？"这是一个完全陌生的世界，而且这把枪看起来很奇怪，像是有机物，所以你对它的机械结构完全不了解。

理论上，这是使用无信息先验的理想场景，因为你没有任何关于这个世界的先验信息。如果使用无信息先验，你会得到枪哑火的后验概率为 Beta(1, 2)（观察到这把枪 $\alpha = 0$ 次哑火，$\beta = 1$ 次成功射击）。这个分布表示，哑火的平均后验概率是 $\frac{1}{3}$，这似乎高得惊人，因为你甚至不知道这把奇怪的枪是否会哑火。同样，尽管 Beta(0, 1)是未定义的，但它似乎是解决这个问题的合理方法。在没有足够的数据和任何先验信息的情况下，你唯一的诚实选择就是向朋友摊手承认："我甚至不知道如何分析这个问题！"

最好的先验是有数据支持的，当完全没有任何数据时，从来就没有什么真正的"公平"先验。每个人在解决问题时都会用上自己的经验和对世界的看法。贝叶斯推理的价值在于，即使是主观地分配先验，你也是在量化自己的主观信念。正如将在本书后面看到的那样，这意味着你可以拿自己的先验与其他人的进行比较，看看它对你周围的世界解释得怎么样。在实践中有时会使用 Beta(1, 1)的先验，但只有当你根据自己的认知确信两种结果发生的可能性相等时，你才应该使用它。同样，再多的数学知识也无法弥补完全没有信息。如果你没有数据，也没有事先了解一个问题，那么唯一诚实的回答就是：在掌握更多信息之前，你根本无法得出任何结论。

说了这么多，值得一提的是，这个关于用 Beta(1, 1)还是用 Beta(0, 0)的话题由来已久，很多伟大的统计学家对此有不同的看法。托马斯·贝叶斯（Thomas Bayes，贝叶斯定理就是以他的名字命名的）犹豫地接受了 Beta(1, 1)；伟大的数学家西蒙–皮埃尔·拉普拉斯（Simon-Pierre Laplace）非常肯定 Beta(1, 1)是正确的；而著名的经济学家约翰·梅纳德·凯恩斯（John Maynard Keynes）则认为使用 Beta(1, 1)是非常荒谬的，以至于使整个贝叶斯统计学都失去了可信性！

14.5 小结

在本章中，我们学习了如何结合问题的先验信息，以更准确地估计未知参数。当针对一个问题只掌握很少的信息时，我们很轻易就能得出概率估计（有些概率估计似乎不太可能）。但是先验信息可以帮助我们从这些少量的数据中做出更好的推断。将这些信息加入到估计中就能得到更现实的结果。

如果有可能，最好使用基于实际数据的先验概率分布。然而，我们常常遇到没有任何数据可用的问题，此时我们既可以借助个人经验，也可以求助于有经验的专家。有了相关经验或专家的帮助，估计一个符合直觉的概率分布是完全可行的。即使错了，我们也会以一种定量的方式将它

记录下来。最重要的是，即使你的先验是错误的，随着收集的观测数据越来越多，它最终也会被
收集的数据所更正。

14.6　练习

试着回答以下问题，检验一下你对先验的理解程度。

(1) 假设你和朋友在玩桌上冰球，你们通过掷硬币来决定谁先击打冰球。玩了 12 次后，你发
现带硬币的朋友似乎总是先击打：12 次中有 9 次都是这样。你的其他朋友开始怀疑。请定义以下
信念的先验概率分布：

- ❏ 一个人有些怀疑带硬币的朋友在作弊，因为正面出现的概率接近 70%；
- ❏ 一个人坚信硬币是均匀的，因为出现正面的概率是 50%；
- ❏ 一个人坚信硬币不均匀，因为出现正面的概率为 70%。

(2) 为了测试这枚硬币，你又抛掷了 20 次，得到 9 次正面、11 次反面。利用在上一题中给出
的先验概率，硬币出现正面的真实后验概率 95% 的置信区间是多少？

第四部分

假设检验：统计的核心

第15章

从参数估计到假设检验：构建贝叶斯 A/B 测试

在本章中，我们将构建自己的第一个假设检验，即 A/B 测试。各公司经常使用 A/B 测试对产品网页、电子邮件和其他营销材料进行测试，以确定哪种方法对客户最有效。我们将检验的信念是，从电子邮件中删除图片会提高点击率而不是降低点击率。

由于已经知道如何估计单一的未知参数，因此在检验中需要做的就是估计一个变量的两组参数——这个变量是每封邮件的转化率。然后，我们将使用 R 语言进行蒙特卡罗模拟以确定哪种假设很可能表现得更好，也就是变量 A 更优还是变量 B 更优。A/B 测试可以使用经典的统计方法（如 t 检验），但用贝叶斯方法构建测试将有助于我们直观地理解测试的每个部分，也能给出更有用的结果。

前文已经很好地介绍了参数估计的基础知识，如何使用 PDF、CDF 和分位函数来获得某些值的似然，以及如何在估计中加入贝叶斯先验信息。现在，我们要利用估计值对两个未知参数进行比较。

15.1 构建贝叶斯 A/B 测试

继续使用第 14 章给出的电子邮件例子，假设我们想检验的是增加图片对博客的转化率是有帮助还是会拖后腿。此前，每周的邮件都会包含一些图片。在测试中，我们会发送两封电子邮件：一封像往常一样包含图片，另一封则没有图片。这个测试之所以被称为 A/B 测试，就是因为我们在对一个变量的不同值（这里是有图片和无图片）进行比较，以确定哪一个表现更好。

现在假设我们的博客有 600 个订阅者，由于要使用在这项实验中获得的知识，因此只对其中的 300 人进行测试。这样，就可以针对剩下的 300 个订阅者采用我们认为更有效的电子邮件形式。

我们把要进行测试的 300 人分成 A、B 两组：A 组会收到与往常一样的电子邮件，最上面有一张大图片；B 组则会收到没有图片的电子邮件。希望简洁的电子邮件不会让用户认为它是"垃圾"邮件，还能鼓励用户点击其中的内容。

15.1.1　找出先验概率

接下来，我们需要弄清楚使用什么先验概率。之前我们每周都会群发一次邮件，根据目前得到的数据，我们有以下合理的预期：对任何给定的邮件，用户点击其中链接的概率应该在 30% 左右。为简单起见，我们将对这两个变体使用相同的先验概率。我们还将选择一个较弱的先验分布，这意味着转化率的概率范围很大。之所以使用一个弱的先验，是因为我们并不知道自己期望的变体 B 会表现得怎么样，而且这是一个新的电子邮件活动，所以其他因素也会影响转化率，结果有可能更好也有可能更差。这里，我们将用 Beta(3, 7) 作为先验概率分布。这个 β 分布的均值是 0.3，且能够表示转化率的概率范围很大。该分布如图 15-1 所示。

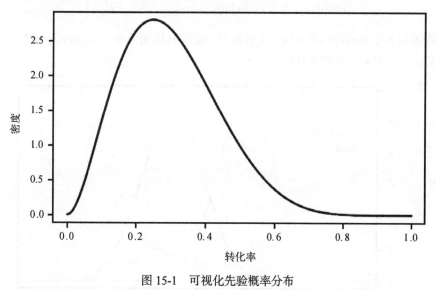

图 15-1　可视化先验概率分布

现在，我们需要的是似然，这意味着需要去收集数据。

15.1.2　收集数据

发送电子邮件，之后经过统计，我们得到了表 15-1 所示的结果。

表 15-1   电子邮件点击率

	点 击	未 点 击	观察到的转化率
变体 A	36	114	0.24
变体 B	50	100	0.33

我们可以将这两个变体视为想要估计的单独参数。为了得出每个变体的后验分布，需要分别结合它们各自的似然分布和先验分布。我们已经决定，这些变体的先验分布是 Beta(3, 7)，它代表了一个相对较弱的信念，即在没有额外信息的情况下，我们对转化率的可能值期望较低。之所以说这是一个较弱的信念，是因为我们并不十分相信某个特定的数值范围，而是考虑了具有高概率的所有可能的转化率。对每个变体的似然，我们也同样使用 β 分布，其中参数 α 等于链接被点击的次数，而 β 则等于链接没有被点击的次数。

回顾一下，前文讲过：

$$\text{Beta}(\alpha_{\text{后验}}, \beta_{\text{后验}}) = \text{Beta}(\alpha_{\text{先验}} + \alpha_{\text{似然}}, \beta_{\text{先验}} + \beta_{\text{似然}})$$

因此，变体 A 用分布 Beta(36＋3, 114＋7) 来表示，变体 B 则用分布 Beta(50＋3, 100＋7) 表示。图 15-2 并列显示了这两个变体的估计值。

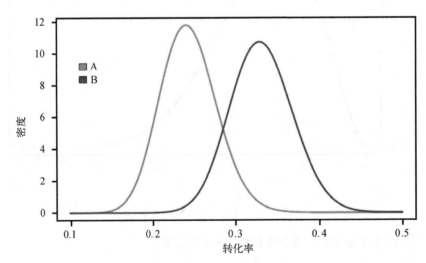

图 15-2   两种邮件变体估计值的 β 分布

显然，我们的数据表明，变体 B 更胜一筹，因为它有更高的转化率。从之前关于参数估计的讨论中，我们知道真实的转化率只是一系列可能值中的一个。在图 15-2 中也可以看到，变体 A 和变体 B 真实转化率的可能取值范围之间有重叠。但如果在处理 A 时只是我们的运气不好，而其真实转化率实际上要高得多呢？又或者，在处理 B 时我们只是运气好，而其真实转化率要低得多呢？

变体 A 可能其实要更好，虽然它在我们的测试中表现很差。所以这里真正的问题是：我们有多确定变体 B 更好？这正是蒙特卡罗模拟的意义所在。

15.2 蒙特卡罗模拟

哪种邮件形式产生的点击率更高？这个问题的准确答案是，这取决于变体 A 和变体 B 分布的某个交叉点。幸运的是，我们有解决这个问题的方法：**蒙特卡罗模拟**（Monte Carlo simulation）。蒙特卡罗模拟是一种利用随机抽样来解决问题的方法。具体到这个例子，我们要从两个分布中随机抽样，每个样本都是根据其在分布中的概率选择的，这样高概率区域的样本就会出现得更频繁。例如，如图 15-2 所示，大于 0.2 的值要比小于 0.2 的值更有可能出现在变体 A 的抽样中。而来自变体 B 的随机样本几乎可以肯定是大于 0.2 的。在随机抽样中，我们可能会选择 0.2 作为变体 A 的值，0.35 作为变体 B 的值。每个样本都是随机的，并且都是基于变体 A 和变体 B 的分布中相应取值的相对概率。根据我们的观察，对变体 A 和变体 B 来说，0.2 和 0.35 很可能就分别是它们的真实转化率。对这两个分布进行单独抽样证实了变体 B 实际上要优于变体 A 的信念，因为 0.35 大于 0.2。

当然，我们也可以为变体 A 抽样出 0.3，为变体 B 抽样出 0.27，这两个值都有可能从其各自的分布中被抽样。这两个值也是变体 A 和变体 B 真实转化率的可能值，但在这种情况下，变体 B 实际上要比变体 A 更糟糕。

可以想象，后验分布其实代表了基于我们当前对转化率的信念状态而可能存在的所有情况。每次从一个分布中抽样，我们都会看到一个可能的情况是什么样的。从图 15-2 中可以直观地看出，我们预期变体 B 更好的情况更多。取样的频率越高，就越能准确地判断出在取样的所有情况中，到底有多少种情况下的变体 B 更好。一旦有了样本，就可以计算变体 B 更好的情况与所有样本总数的比例，进而得到变体 B 好于变体 A 的准确概率。

15.2.1 在多少种情况下，变体 B 表现更好

现在只需要写出执行这个抽样的代码。R 语言的 rbeta() 函数允许我们从 β 分布中自动抽样。我们可以将两个抽样的每一次比较视为一次实验。实验的次数越多，所得的结果就越精确。下面将进行 100 000 次实验，所以把这个值赋给变量 n.trials：

```
n.trials <- 100000
```

接下来将先验的 α 值和 β 值赋给相应的变量：

```
prior.alpha <- 3
prior.beta <- 7
```

然后需要从每个变体中采集样本。我们使用 rbeta() 函数来完成这项工作：

```
a.samples <- rbeta(n.trials, 36+prior.alpha, 114+prior.beta)
b.samples <- rbeta(n.trials, 50+prior.alpha, 100+prior.beta)
```

我们也将 rbeta() 函数获得的样本结果保存到变量中，这样访问它们就会更容易。对每个变体（也就是每种邮件形式），我们输入点击了链接和没有点击的人数。

最后，统计 b.samples 比 a.samples 大的次数，并用这个数除以实验次数 n.trials，这样就能得出变体 B 的结果优于变体 A 的实验次数占实验总次数的百分比：

```
p.b_superior <- sum(b.samples > a.samples)/n.trials
```

最终得到的结果为：

```
p.b_superior
> 0.96
```

也就是说，在 100 000 次实验中，有 96% 的实验表明变体 B 的结果更优。我们可以将这 10 万次实验看成 10 万个可能的情况。根据每个变体可能的转化率的分布，在 96% 的情况中，变体 B 表现更好。这个结果表明，即使观察到的样本数量相对较少，我们也非常坚信 B 更好。如果你曾经做过经典统计学中的 t 检验，这大致相当于在以 Beta(1, 1) 为先验的单尾 t 检验中得到的 p 值为 0.04（这通常被认为具有“统计显著性”）。这个方法的好处在于，我们能够利用已有的概率知识和简单的模拟从头开始构建这样的测试。

15.2.2　变体 B 要比变体 A 好多少

现在我们可以准确地说出自己有多么确定变体 B 更好。然而，如果这样的电子邮件行为是真正的商业行为，那么只说“变体 B 更好”并不是一个非常令人满意的答案。难道你真的不想知道好多少吗？

这才是蒙特卡罗模拟的真正威力所在。可以从上一次模拟得到的结果中，通过观察变体 B 的抽样要比变体 A 的抽样多多少次来得出变体 B 更好的程度。换句话说，我们可以看下面这个比例：

$$\frac{B样本}{A样本}$$

在R语言中,如果取之前的变量a.samples和b.samples,我们就可以计算出b.samples/a.samples。这会为我们提供从变体 A 到变体 B 的相对改进分布。如果将这个分布绘制成直方图, 如 15-3 所示, 我们就可以看到所期待的变体 B 提高点击率的程度。

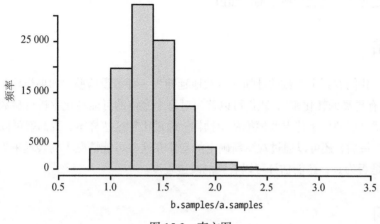

图 15-3　直方图

从直方图中可以看出, 尽管可能的取值范围较大, 但相对变体 A 来说, 变体 B 可以提高 40% 左右（比值为 1.4）的点击率。正如在第 13 章中所讨论的那样, 在对结果进行推理时, CDF 要比直方图更有用。由于处理的是数据而不是数学函数, 因此使用 R 语言的 ecdf() 函数来计算经验累积分布函数（empirical cumulative distribution function，eCDF）。所得的 eCDF 如图 15-4 所示。

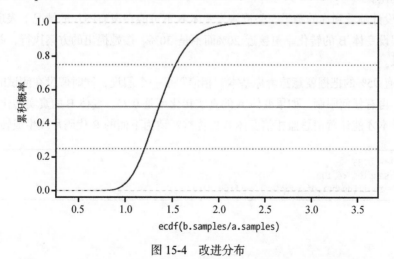

图 15-4　改进分布

现在我们可以更清楚地观察结果了。其实变体 A 只有非常小的可能性更好, 即使变体 A 更好一些, 也好不了多少。还可以看到, 变体 B 有大约 25% 的概率能比变体 A 提高 50% 以上, 甚至有不小的概率其转化率是变体 A 的一倍以上！现在，在选择变体 B 而不是变体 A 时，我们可以通过表述"变体 B 比变体 A 差 20%的概率与它比变体 A 好 1 倍的概率大致相同"来解释我们的选择。在我听来，这是一个不错的选择，要比"变体 B 和变体 A 之间有统计学上的显著性差异"这样的陈述更能表达我们所掌握的知识。

15.3   小结

在本章中，我们看到了参数估计如何自然地延伸为一种假设检验。如果想检验的假设是"变体 B 比变体 A 有更高的转化率"，我们可以首先对每个变体的可能转化率进行参数估计。一旦知道了估计值，就可以使用蒙特卡罗模拟从中抽样。通过比较这些样本，我们就可以得出自己的假设正确的概率。最后，还可以通过观察新确定的变体在这些可能情况下的表现来更进一步，这不仅能估计假设是否为真，还能估计可以看到的改进程度。

15.4   练习

试着回答以下问题，检验一下你对 A/B 测试的理解程度。

(1) 假设一位有多年营销经验的总监告诉你，他非常确信不含图片的邮件（变体 B）与原始邮件的表现不会有任何不同。你如何用我们的模型说明这一点？执行这一改变，看看你的最终结论会有什么变化。

(2) 首席设计师看到你的结果，坚持认为变体 B 不可能在没有图片的情况下表现更好。她认为，你应该假设变体 B 的转化率更接近 20%而不是 30%。按她提出的方案执行，并再次回顾我们的分析结果。

(3) 假设有 95%的把握就意味着你基本"相信"了一个假设，同时假设在测试时你可以发送的邮件数量不再有任何限制。如果变体 A 的真实转化率是 0.25，变体 B 的真实转化率是 0.3，那么需要多少样本才能让营销总监相信变体 B 更优秀？请为下面的 R 代码片段生成转化的样本。

```
true.rate <- 0.25
number.of.samples <- 100
results <- runif(number.of.samples) <= true.rate
```

第 16 章

贝叶斯因子和后验胜率简介：思想的竞争

我们在第 15 章中看到，可以把假设检验看作参数估计的延伸。在本章中，我们将把假设检验看成一种比较思想的方法，并将其与另一种重要的数学工具**贝叶斯因子**（Bayes factor）进行比较。贝叶斯因子是一个公式，它通过将一个假设与另一个假设进行比较来检验其合理性，比较的结果告诉我们一个假设的可能性是另一个的多少倍。

在本章中，我们将学习如何将贝叶斯因子与先验信念结合以得出**后验胜率**（posterior odds），这个胜率可以告诉我们一个信念在解释数据时要比另一个信念强多少倍。

16.1 重温贝叶斯定理

第 6 章介绍了贝叶斯定理，它的形式如下：

$$P(H \mid D) = \frac{P(H) \times P(D \mid H)}{P(D)}$$

回顾一下，这个公式包含 3 个有特殊名称的要素。

- ❑ $P(H \mid D)$ 是**后验概率**，它告诉我们在给定数据的情况下，我们应该相信假设的程度。
- ❑ $P(H)$ 是**先验信念**，或者说，是在看到数据之前我们认为假设发生的概率。
- ❑ $P(D \mid H)$ 是**似然**，即如果我们的假设为真，得到现有数据的可能性。

最后一部分 $P(D)$ 是独立于假设的、所观察数据的概率。我们需要 $P(D)$，以确保后验概率的取值位于 0 和 1 之间。如果掌握了以上这些信息，我们就可以准确地计算出在给定观察数据的情况下，自己对假设的相信程度。但正如我在第 8 章中提到的，$P(D)$ 通常很难定义。在很多情况下，怎样计算出数据的概率并非那么显而易见。如果关心的只是两个假设发生的相对可靠程度，那么完全没有必要知道 $P(D)$。

基于这些原因，我们经常使用贝叶斯定理的比例形式，它允许我们在不知道 $P(D)$ 的情况下分析假设的可靠程度。它是下面这样的：

$$P(H \mid D) \propto P(H) \times P(D \mid H)$$

简单来说，比例形式的贝叶斯定理告诉我们，假设的后验概率与先验概率和似然的乘积成正比。我们可以利用这一点来比较两个假设，即通过用先验概率乘以似然得出两个假设后验概率的比值：

$$\frac{P(H_1) \times P(D \mid H_1)}{P(H_2) \times P(D \mid H_2)}$$

现在得到的是，每个假设解释所观察数据能力的比值。也就是说，如果这个比值是 2，那么 H_1 对所观察数据的解释能力是 H_2 的两倍；如果比值是 $\frac{1}{2}$，那么 H_2 对所观察数据的解释能力是 H_1 的两倍。

16.2　利用后验概率比构建假设检验

后验概率比公式给出了后验胜率，它允许我们检验对数据的假设或信念。即使知道了 $P(D)$，后验胜率也是很有用的工具，因为它让我们可以对想法进行比较。为了更恰当地理解后验胜率，我们将把后验概率比公式分成两部分：似然比或称为贝叶斯因子，以及先验概率比。这是一个标准且非常有用的做法，它让我们在分别对似然和先验概率进行推理时更容易。

16.2.1　贝叶斯因子

为了使用后验概率比公式，假定 $P(H_1) = P(H_2)$，也就是说，我们对两个假设的先验信念相同。在这种情况下，假设的先验信念比值等于 1，所以剩下的内容是：

$$\frac{P(D \mid H_1)}{P(D \mid H_2)}$$

这就是贝叶斯因子，即两个假设的似然比。

让我们花点时间认真思考一下这个式子表达的是什么。在思考怎样论证自己对这个世界的信念 H_1 时，我们会收集那些支持自己信念的数据。因此，一个典型的辩论包括构建一组支持假设 H_1 的数据 D_1，然后再与一位收集了支持假设 H_2 的数据 D_2 的朋友辩论。

不过在贝叶斯推理中，我们并不是通过收集数据来支持自己的想法，而是想看看我们的观点能多好地解释面前的数据。这个比例告诉我们的是，假定我们的观点为真，我们看到数据的可能性与他人的观点为真时的可能性之比。如果与竞争假设相比，我们的假设能够更恰当地解释这个世界，那么我们的假设就赢了。

当然，如果竞争假设能更恰当地解释数据，那么这可能就是我们改变自己信念的时候了。这里的关键是，在贝叶斯推理中，我们并不担心数据是否支持自己的信念，我们关注的是自己的信念对所观察数据的支持程度。最终，数据要么证实我们的想法，要么引导我们改变想法。

16.2.2 先验胜率

到目前为止，我们假定每个假设的先验概率都是相同的。但情况显然并非总是如此：有些假设能够很好地解释数据，但它本身发生的可能性很小。举个例子，假设你的手机丢了，无论是你把手机落在了浴室还是外星人将它拿去研究人类技术了，都能很好地解释数据。然而，这里显然是落在浴室的可能性更大。这就是为什么需要考虑先验概率的比值：

$$\frac{P(H_1)}{P(H_2)}$$

这个比值比较的是，在我们查看数据之前这两个假设发生的概率。当与贝叶斯因子相关时，这个比值被称为 H_1 的**先验胜率**（prior odds），写作 $O(H_1)$。这种表示方法很有用，因为它让我们很容易就能注意到自己对正在检验的假设的相信程度。当这个比值大于 1 时，就意味着先验胜率支持我们的假设；而当它小于 1 时，则说明它不支持我们的假设。如果 $O(H_1)=100$，那就意味着在没有其他信息的情况下，我们相信 H_1 发生的可能性是备择假设的 100 倍。如果 $O(H_1)=\frac{1}{100}$，则说明备择假设发生的可能性是 H_1 的 100 倍。

16.2.3 后验胜率

如果将贝叶斯因子和先验胜率相乘，就会得到后验胜率：

$$后验胜率 = O(H_1) \times \frac{P(D \mid H_1)}{P(D \mid H_2)}$$

后验胜率计算的是，我们的假设对数据的解释要比备择假设好多少倍。

表 16-1 列出了评估后验胜率的一些准则。

表 16-1　后验胜率评估准则

后验胜率	数据的强度
1 ~ 3	有意思，但不能得出结论
3 ~ 20	看起来我们有发现了
20 ~ 150	支持 H_1 的有力数据
>150	支持 H_1 的强有力数据

我们可以通过这些胜率的倒数来决定什么时候改变自己对某个假设的想法。

虽然这些值可以作为有用的指南，但贝叶斯推理仍然是一种推理形式，这意味着必须做出一些判断。如果你和朋友偶然间产生分歧，那么后验胜率为 2 就足以让你感到自信；但如果你想弄清楚自己是否在喝毒药，那么后验胜率为 100 可能仍然无法解决问题。

接下来看两个例子。在这两个例子中，我们将使用贝叶斯因子来确定信念的强度。

1. 灌铅骰子的测试

我们可以将贝叶斯因子和后验胜率当作假设检验的一种形式，每次检验都包含两个相互竞争的想法。假设你的朋友有一个袋子，里面有 3 个 6 面的骰子，其中一个骰子是灌铅骰子（做了手脚的骰子），所以它有一半的时间会掷出 6 点。另外两个是正常的骰子，掷出 6 点的概率是 $\frac{1}{6}$。朋友拿出一个骰子，掷了 10 次，所得结果如下：

$$6, 1, 3, 6, 4, 5, 6, 1, 2, 6$$

我们想知道这个骰子是灌铅骰子还是正常骰子，并将灌铅骰子称为假设 H_1，正常骰子称为假设 H_2。

首先计算贝叶斯因子：

$$\frac{P(D\,|\,H_1)}{P(D\,|\,H_2)}$$

第一步是计算 $P(D\,|\,H)$，或者说计算在给定观察数据的情况下 H_1 和 H_2 的似然。在这个例子中，朋友掷出了 4 个 6 点和 6 个其他点数。我们知道，如果这是一个灌铅骰子，那么掷出 6 点的概率是 $\frac{1}{2}$，掷出其他点数的概率也是 $\frac{1}{2}$。这意味着，如果使用的是灌铅骰子，那么看到当前数据的概率是：

$$P(D\,|\,H_1) = \left(\frac{1}{2}\right)^4 \times \left(\frac{1}{2}\right)^6 \approx 0.000\,98$$

如果是均匀骰子，那么掷出 6 点的概率是 $\frac{1}{6}$，掷出其他点数的概率为 $\frac{5}{6}$。这意味着，如果假设 H_2 成立，即骰子是均匀的，那么看到当前数据的概率是：

$$P(D \mid H_2) = \left(\frac{1}{6}\right)^4 \times \left(\frac{5}{6}\right)^6 \approx 0.000\ 26$$

现在可以计算贝叶斯因子了，它会告诉我们假定每个假设起初发生的概率相等（先验胜率为 1），H_1 解释这条数据的能力是 H_2 的多少倍：

$$\frac{P(D \mid H_1)}{P(D \mid H_2)} = \frac{0.000\ 98}{0.000\ 26} \approx 3.77$$

这意味着，H_1（骰子被做过手脚）解释我们所观察数据的能力几乎是 H_2 的 4 倍。

然而，只有在 H_1 和 H_2 一开始都同样可能为真时，这才是真的。但是我们知道袋子里均匀的骰子有两个，而灌铅骰子则只有一个，这就意味着这两个假设的可能性不一样。根据袋子里骰子的情况，我们知道这两个假设的先验概率如下：

$$P(H_1) = \frac{1}{3}; \ P(H_2) = \frac{2}{3}$$

根据这两个概率，可以计算出 H_1 的先验胜率：

$$先验胜率 = O(H_1) = \frac{P(H_1)}{P(H_2)} = \frac{\frac{1}{3}}{\frac{2}{3}} = \frac{1}{2}$$

因为袋子里的灌铅骰子只有一个而均匀骰子有两个，所以我们取到均匀骰子的可能性是灌铅骰子的两倍。有了 H_1 的先验胜率，现在可以计算完整的后验胜率了：

$$后验胜率 = O(H_1) \times \frac{P(D \mid H_1)}{P(D \mid H_2)} = \frac{1}{2} \times 3.77 \approx 1.89$$

虽然最初的似然比显示，H_1 对这条数据的解释能力几乎是 H_2 的 4 倍，但后验胜率告诉我们，由于 H_1 的可能性只有 H_2 的一半，因此 H_1 的解释能力实际上是 H_2 的两倍左右。

由此可见，如果一定要得出骰子是否灌了铅的结论，最好的选择是认为它的确灌了铅。然而，小于 2 的后验胜率说不上是支持 H_1 的有力数据。如果真的想知道骰子是否灌了铅，就需要再多投掷几次，直到支持其中一种假设的数据足够有力，让你能做出更有说服力的判断。

下面再看一个例子，还是利用贝叶斯因子来确定信念的强度。

2. 罕见疾病的在线自我诊断

很多人犯过这样的错误：深夜上网去查询自己的症状，结果是自己惊恐地盯着屏幕，"确认"自己得了某种奇怪而可怕的疾病。不幸的是，他们在分析时几乎总是不考虑使用贝叶斯推理，而实际上贝叶斯推理有可能会减轻他们不必要的焦虑。在这个例子中，假设你查询症状时查错了，发现自己的症状与两种可能的疾病符合。与其无缘无故地惊慌失措，不如用后验胜率来度量患这两种疾病的概率。

假设有一天你醒来时发现听力下降，一只耳朵里有响声（耳鸣）。这让你整天都烦躁不安。下班回家后，你决定上网搜索一下导致当前症状的潜在病因。你越来越担心，最后做出了如下两个可能的假设。

- **耳垢堵塞**

你这只耳朵里有太多的耳垢。去看医生就可以解决这个问题。

- **前庭神经鞘瘤**

你的前庭神经髓鞘上长了肿瘤。这造成了不可逆的听力损失，可能需要做脑部手术。

在这两种情况中，后者更令人担心。当然，你的症状也可能是因为耳垢导致的，但如果不是呢？如果你真有脑瘤呢？由于最担心的是有脑瘤的可能性，因此你决定将它当作假设 H_1。这样，假设 H_2 就是你的耳朵里有太多的耳垢。

来看一看后验胜率能否让你平静下来。

和上一个例子一样，我们通过观察每个假设为真时出现这些症状的概率开始探索之旅，并计算贝叶斯因子。这意味着需要计算 $P(D|H)$。你观察到两种症状：听力损失和耳鸣。

如果是长了前庭神经鞘瘤，那么出现听力损失的概率是 94%，出现耳鸣的概率是 83%。这意味着如果你长了前庭神经鞘瘤，那么同时出现听力损失和耳鸣的概率为：

$$P(D|H_1) = 0.94 \times 0.83 \approx 0.78$$

接下来，我们将对 H_2 做同样的分析。如果是耳垢堵塞，那么出现听力损失的概率为 63%，出现耳鸣的概率为 55%。也就是说，如果你的耳垢造成了堵塞，那么同时出现这两种症状的概率是：

$$P(D|H_2) = 0.63 \times 0.55 \approx 0.35$$

现在我们有足够的信息来计算贝叶斯因子了:

$$\frac{P(D \mid H_1)}{P(D \mid H_2)} = \frac{0.78}{0.35} \approx 2.23$$

哎呀!只看贝叶斯因子并不能帮你减轻对长有脑瘤的担忧。只考虑似然比,看起来患有前庭神经鞘瘤要比耳垢堵塞更容易导致你现在的症状,而且概率要高一倍以上。幸好,分析还没有结束。

　　下一步是确定每种假设的先验概率。抛开症状不谈,一个人患有这两种疾病之一的可能性有多大?我们可以找到每种疾病的流行病学数据。事实表明,前庭神经鞘瘤是一种罕见的疾病,每年 100 万人中只有 11 人会患上这种病。它的先验概率如下:

$$P(H_1) = \frac{11}{1\,000\,000}$$

不出所料,耳垢堵塞要常见得多,每年 100 万人中会出现 37 000 例:

$$P(H_2) = \frac{37\,000}{1\,000\,000}$$

为得到 H_1 的先验胜率,需要算一下这两个假设的先验概率的比值:

$$O(H_1) = \frac{P(H_1)}{P(H_2)} = \frac{\dfrac{11}{1\,000\,000}}{\dfrac{37\,000}{1\,000\,000}} = \frac{11}{37\,000}$$

仅根据先验信息,一个人耳垢堵塞的可能性要比长有前庭神经鞘瘤的可能性大 3700 倍左右。但在你可以松一口气之前,我们需要计算出完整的后验胜率,也就是用贝叶斯因子乘以先验胜率:

$$O(H_1) \times \frac{P(D \mid H_1)}{P(D \mid H_2)} = \frac{11}{37\,000} \times 2.23 = \frac{2453}{3\,700\,000}$$

这个结果表明,H_2 的可能性约是 H_1 的 1508 倍。现在,你可以松口气了,因为你知道,明天早上去看医生,做一次简单的耳部清洁,很可能就把问题解决了。

　　在日常推理中,我们很容易高估可怕情况发生的概率,但通过贝叶斯推理,我们可以分析出真正的风险,看看它们实际发生的可能性有多大。

16.3   小结

在本章中，我们学习了如何使用贝叶斯因子和后验胜率来比较两个假设。贝叶斯因子并不在意提供的数据能否支持信念，它是用来测试信念对所观察数据的支持程度的。它的结果是一个比值，能反映一个假设解释数据的能力是另一个假设的多少倍。当先验信念比其他信念更能解释数据时，可以用它来加强先验信念；当结果远远小于 1 时，我们可能就要考虑改变自己的想法。

16.4   练习

试着回答以下问题，检验一下你对贝叶斯因子和后验胜率的理解程度。

(1) 回到骰子的问题上，假设你的朋友搞错了，他突然意识到实际上有两个灌铅的骰子，只有一个均匀的骰子。这一情况将如何改变问题的先验胜率及后验胜率？你是否更相信所掷的骰子是灌了铅的？

(2) 回到罕见疾病的例子上，假设你去看了医生，清洗完耳朵后，你发现症状仍然存在。更糟糕的是，又出现了新的症状：眩晕。医生提出了另一种可能的解释——迷路炎。这是一种内耳病毒感染，98% 的病例会眩晕。然而，患这种病时听力损失和耳鸣不太常见：出现听力损失的病例只有 30%，出现耳鸣的只有 28%。眩晕也是患前庭神经鞘瘤的一个可能症状，但只发生在 49% 的病例中。在普通人群中，每年每百万人中有 35 人感染迷路炎。当你比较患迷路炎的假设和患前庭神经鞘瘤的假设时，后验胜率是多少？

第17章

电视剧中的贝叶斯推理

在第 16 章中，我们通过使用贝叶斯因子和后验胜率来计算一个假设要比备择假设好多少倍。但是，贝叶斯推理工具可以做的不仅仅是比较观点。在本章中，我们将使用贝叶斯因子和后验胜率来量化说服人们相信一个假设所需要的数据量。我们还将看到如何估计他人相信某一假设的先验信念强度。我们将利用某电视剧中的一个经典场景来完成这一切。

17.1　场景描述

容我先描述这一个场景。年轻的新婚夫妇唐和帕特在一个小镇的餐馆里等待着，因为一位技工正在修理他们的汽车。在餐馆里，他们遇到了一台名为"神秘预言家"的机器。它接受答案为"是"或"否"的问题，只要花一便士，它就会吐出写有答案的卡片。

唐问了"神秘预言家"一系列问题。当机器回答正确时，他开始相信机器拥有超自然的能力。然而，帕特对机器的能力仍然持怀疑态度，即使它能继续提供正确答案。

虽然唐和帕特看到的是同样的数据，但他们得出了不同的结论。如何解释在给定相同数据的情况下，他们的推理却不同呢？可以利用贝叶斯因子来深入了解这两个人物是如何思考数据的。

17.2　用贝叶斯因子理解"神秘预言家"

在这一场景中，有两个相互矛盾的假设。我们分别用 H 和 $\bar{H}$（也就是"H 的否"）来表示，因为一个假设是另一个假设的否：

❑ H 表示"神秘预言家"真的可以预测未来；

    ❑ $\bar{H}$ 表示"神秘预言家"只是碰巧走运。

数据 D 是"神秘预言家"提供的正确答案序列个数 n。n 越大,支持 H 的数据就越强。因为电视剧中的主要假设是"神秘预言家"每次都正确,所以现在的问题是:这个结果是超自然的,还是仅仅为巧合?对我们来说,数据 D 总是代表一连串的 n 个正确答案。现在我们来估计似然,或者说在每个假设下得到数据 D 的概率。

$P(D\,|\,H)$ 是假定"神秘预言家"可以预测未来时,连续得到 n 个正确答案的概率。不管问了多少问题,这个似然永远是 1。这是因为,如果"神秘预言家"是超自然的,那么无论是问一个问题还是一千个问题,它给出的答案都会是正确的。当然,这也意味着,如果"神秘预言家"给出了一个错误的答案,这个假设的概率就将下降为 0。这种情况下,我们可能会提出一个较弱的假设,例如,"神秘预言家"的正确概率是 90%(第 19 章将探讨类似的问题)。

$P(D\,|\,\bar{H})$ 则表示如果"神秘预言家"随机给出答案,那么它连续得到 n 个正确答案的概率。这里的 $P(D\,|\,\bar{H})$ 等于 0.5^n。换句话说,如果它只是随机猜答案,那么每个答案有 0.5 的机会是正确的。

为了比较这两个假设,来看看它们的似然比:

$$\frac{P(D\,|\,H)}{P(D\,|\,\bar{H})}$$

提醒一下,这个比值度量的是,当假定 H 和 $\bar{H}$ 发生的可能性相等时,一种数据出现的可能性是另一种的多少倍。现在,让我们看看如何比较这些想法。

17.2.1   度量贝叶斯因子

和第 16 章的做法一样,先暂时忽略先验胜率,将注意力集中在似然比上,也就是贝叶斯因子。我们(暂时)假定"神秘预言家"有超自然能力与单纯碰运气的概率一样。

具体到这个例子,分子 $P(D\,|\,H)$ 总是等于 1,所以对任意的 n 值,我们都有:

$$贝叶斯因子 = \frac{P(D_n\,|\,H)}{P(D_n\,|\,\bar{H})} = \frac{1}{0.5^n}$$

设想,"神秘预言家"到目前为止已经给出了 3 个正确答案。此时,$P(D_3\,|\,H)=1$,而 $P(D_3\,|\,\bar{H})=0.5^3=0.125$。显然,假设 H 能更恰当地解释数据,但肯定没有人会因为连续 3 次正确的猜测而信服。假设先验胜率相等,答对 3 个问题的贝叶斯因子等于:

$$贝叶斯因子 = \frac{1}{0.125} = 8$$

我们可以用与评估后验胜率相同的准则（见表 16-1）来评估这里的贝叶斯因子（如果假定每个假设的可能性相同），如表 17-1 所示。从中可以看到，贝叶斯因子为 8，离下定论还远。

表 17-1　贝叶斯因子评估准则

贝叶斯因子	数据的强度
1 ~ 3	有意思，但不能得出结论
3 ~ 20	看起来我们有发现了
20 ~ 150	支持 H_1 的有力数据
>150	支持 H_1 的强有力数据

因此，在 3 个问题回答正确且贝叶斯因子为 8 的情况下，我们至少应该对"神秘预言家"的力量感到好奇，不过我们还没有被说服。

但在这一场景中，唐似乎已经非常确定"神秘预言家"拥有超自然的能力。只需要有 4 个正确答案，他就可以确信这一点。而帕特则需要至少 14 个问题回答正确才会开始认真考虑这种可能性，这时的贝叶斯因子等于 16 384，这超出了她需要的数据强度。

不过，贝叶斯因子的计算并不能解释为什么唐和帕特会对数据有不同的信念。这到底是怎么回事？

17.2.2　解释先验信念

我们的模型中缺少的元素是每个人物对假设的先验信念。别忘了，帕特对机器的能力持怀疑态度，唐却截然不同。很明显，唐和帕特在各自的心理模型中使用了额外的信息，因为他们需要不同次数的数据，得出了不同强度的结论。这在日常推理中相当常见：两个人对完全相同的事实往往会有不同的反应。

在没有额外信息的情况下，我们可以通过简单地设想 $P(H)$ 和 $P(\bar{H})$ 的初始胜率来模拟这种现象。我们将它称为先验胜率，正如你在第 16 章中看到的那样：

$$先验胜率 = O(H) = \frac{P(H)}{P(\bar{H})}$$

与贝叶斯因子相关的先验信念概念实际上非常直观。假设我问你："'神秘预言家'超自然的概率有多大？"你可能会回答："呃，$\frac{1}{1\,000\,000}$！那东西不可能是超自然的。"在数学上，我们可以将它表述为：

$$O(H) = \frac{1}{1\,000\,000}$$

现在把先验信念和数据结合起来。在给定观察数据的情况下，为了做到这一点，我们将先验胜率和似然比相乘，从而得到假设的后验胜率：

$$后验胜率 = O(H \mid D) = O(H) \times \frac{P(D \mid H)}{P(D \mid \bar{H})}$$

在看到任何数据之前，认为"神秘预言家"只有 $\dfrac{1}{1\,000\,000}$ 的可能是超自然的，这是相当强烈的怀疑。贝叶斯方法很好地反映了这种怀疑。如果从一开始就认为"神秘预言家"是超自然的这个假设极其不可能，那么就需要更多的数据来说服自己。假设"神秘预言家"给出了 5 个正确答案，那么此时贝叶斯因子就会变成：

$$贝叶斯因子 = \frac{1}{0.5^5} = 32$$

贝叶斯因子等于 32 代表了一种相当强烈的看法，即"神秘预言家"确实拥有超自然的能力。然而，如果将表示强烈怀疑态度的先验胜率考虑进去，再去计算后验胜率，就会得到如下结果：

$$后验胜率 = O(H \mid D_5) \times \frac{P(D_5 \mid H)}{P(D_5 \mid \bar{H})} = \frac{1}{1\,000\,000} \times \frac{1}{0.5^5} = 0.000\,032$$

现在后验胜率告诉我们，"神秘预言家"不太可能拥有超自然的能力。这个结果与我们的直觉相当吻合。所以，如果从一开始你就不相信某个假设，那就需要有大量的数据来说服你。

事实上，如果反向推导，后验胜率就可以帮助我们计算出需要有多少数据才能让自己相信假设 H。如果后验胜率为 2，我们就可以认为超自然的假设为真。如果求出后验胜率大于 2，我们就能够确定要怎样才能说服自己：

$$\frac{1}{1\,000\,000} \times \frac{1}{0.5^n} > 2$$

按最接近的整数来求解 n，可以得到：

$$n > 21$$

连续给出 21 个正确答案后，即使是持强烈怀疑态度的人也开始认为"神秘预言家"或许真的拥有超自然的能力。

因此，除了在给定背景下告诉我们相信某件事情的程度，先验胜率能做的事情还有很多。它还可以帮助我们准确地量化需要有多少数据才能说服自己相信一个假设，反之亦然。如果在连续得到 21 个正确答案之后，你发现自己十分相信假设 H，那么你的先验胜率可能会降低。

17.3 发展自己的超级能力

现在，我们已经学会了如何比较各种假设，以及如何在给定先验信念 $\bar{H}$ 的情况下，计算需要有多少有利的数据才能使我们相信假设 H。现在我们再来看看利用后验胜率可以做的事情：根据唐和帕特对数据的反应来量化他们的先验信念。

我们不知道唐和帕特第一次走进餐馆时，他们到底有多相信"神秘预言家"。但我们知道，唐在得到 7 个正确答案后，才基本上相信"神秘预言家"拥有超自然的能力。可以估计，此时唐的后验胜率是 150——根据表 17-1，这是非常强烈的信念阈值。除了要求解的 $O(H)$，我们可以写出现在所知道的一切数据：

$$150 = O(H) \times \frac{P(D_7 \mid H)}{P(D_7 \mid \bar{H})} = O(H) \times \frac{1}{0.5^7}$$

根据上式求解 $O(H)$，可以得到：

$$O(H)_{\text{唐}} \approx 1.17$$

因为唐的先验胜率大于 1，所以在走进餐馆后还没有收集任何数据之时，他更愿意相信"神秘预言家"拥有超自然的能力。

接着分析帕特。在得到 14 个正确答案后，帕特变得紧张起来。不过她已经开始怀疑"神秘预言家"拥有超自然的能力，但她并不像唐那么确定。我估计此时她的后验胜率是 5——她可能会开始想"也许'神秘预言家'真的有超自然能力……"现在可以用同样的方法，来计算帕特的信念的后验胜率：

$$5 = O(H) \times \frac{P(D_{14} \mid H)}{P(D_{14} \mid \bar{H})} = O(H) \times \frac{1}{0.5^{14}}$$

求解出 $O(H)$，就可以将帕特的怀疑态度建模如下：

$$O(H)_{\text{帕特}} \approx 0.0003$$

换句话说，当走进餐馆时，帕特认为"神秘预言家"有大约 $\frac{1}{3000}$ 的可能性是超自然的。同样，这也很符合我们的直觉：帕特一开始就坚信，"神秘预言家"只不过是她和唐在等待食物时玩的一个有趣游戏。

上面所做的事情很了不起。我们通过运用概率法则，得出了人们相信某件事情的程度的定量陈述。本质上，我们已经学会了读心术！

17.4　小结

在本章中，我们探讨了几种使用贝叶斯因子和后验胜率推理概率问题的方法。首先，我们重温了在第 16 章中学习的内容：利用后验胜率来比较两种观点。然后，我们学习了知道自己对两个假设胜率的先验信念，就能精确地计算出需要多少数据说服自己改变信念。接着，我们通过观察说服自己需要多少数据，从而利用后验胜率求出个人的先验信念。最后，我们知道，后验胜率远不止检验想法这么简单，它为我们在不确定条件下的推理提供了一个框架。

现在，你可以使用自己"神秘"的贝叶斯推理能力回答下面的问题。

17.5　练习

试着回答以下问题，检验一下你对量化说服人们相信某个假设需要多少数据以及估算他人先验信念强度的理解程度。

(1) 每次你和朋友 A 相约去看电影时，你们都会掷硬币决定谁挑选电影。朋友 A 总是选择正面，而且连续 10 周，掷硬币的结果都是正面。于是你提出一个假设：硬币的两面都是正面，而不是一个正面一个反面。为硬币是作弊硬币还是均匀硬币设定一个贝叶斯因子，仅仅这个比值就能说明朋友 A 是否在欺骗你吗？

(2) 现在假定可能有以下 3 种情况：朋友 A 耍花样了、朋友 A 大部分时间很诚实但偶尔也会暗中做手脚，以及朋友 A 非常值得信任。针对每种情况，估算一下假设的先验胜率，并计算出相应的后验胜率。

(3) 假设你非常信任朋友 A，同时假设朋友 A 作弊的先验胜率为 $\frac{1}{10\,000}$。掷硬币需要出现多少次正面，才能使你怀疑朋友 A 的清白——比如说，后验胜率为 1？

(4) 你的另一个朋友 B 也经常和朋友 A 外出游玩，在掷硬币连续 4 周为正面后，朋友 B 觉得你们都被骗了。这种信心意味着后验胜率约为 100。你会给朋友 B 认为朋友 A 作弊的先验胜率赋一个什么样的值？

第18章

当数据无法让你信服时

在第17章中，我们利用贝叶斯推理分析了某电视剧中的两个假设：

☐ "神秘预言家"是超自然的；
☐ "神秘预言家"不是超自然的，只是幸运。

我们还学习了如何通过改变先验胜率来解释怀疑程度。如果你像我一样，认为"神秘预言家"肯定不是超自然的，那么你很可能会把先验胜率设置得很低，比如 $\dfrac{1}{1\,000\,000}$。

然而，根据个人的怀疑程度，你可能会觉得即使是 $\dfrac{1}{1\,000\,000}$ 的先验胜率也不足以让你相信"神秘预言家"有超自然的力量。

也许即使是从"神秘预言家"那里得到了 1000 个正确的答案——尽管先验胜率说明你对此非常怀疑，但现在的数据会使你赞成"神秘预言家"是超自然的这一说法——你仍然不会相信它有超自然的力量。我们可以让先验胜率变得更加小、更极端以表示你的观点，但我个人认为这个方法并不太令人满意，因为即使有再多的数据也无法让我相信"神秘预言家"真的是超自然的。

在本章中，我们将更深入地研究那些数据不能以我们期望的方式说服人们的情况。在现实世界中，这种情况相当普遍。任何在节假日晚餐时分与亲戚争论过的人都可能注意到了，通常情况下你给出的相反数据越多，他们似乎就越相信自己的先验信念。为了充分理解贝叶斯推理，我们需要从数学上理解为什么会出现这样的情况。这将有助于我们在统计分析中识别和避免这些情况。

18.1   有超能力的朋友掷骰子

假设一个朋友告诉你，他能以 90% 的准确率预测掷 6 面骰子的结果，因为他有超能力。你很难相信这个说法，所以用贝叶斯因子进行假设检验。和"神秘预言家"的例子一样，你需要比较两个假设：

$$H_1 : P(正确) = \frac{1}{6} \qquad H_2 : P(正确) = \frac{9}{10}$$

第一个假设 H_1 代表你相信骰子是均匀的，且这位朋友没有超能力。如果骰子是均匀的，我们有 $\frac{1}{6}$ 的机会猜对结果。第二个假设 H_2 代表了朋友的信念，即他真的可以在 90% 的时间里正确预测掷骰子的结果，因此给出的概率值为 $\frac{9}{10}$。接下来我们需要一些数据来验证他的说法。假设朋友掷骰子 10 次，正确猜出结果 9 次。

18.1.1   比较似然

和前几章一样，先来看贝叶斯因子，现在假定两个假设的先验胜率相等。似然比则可以用下式表示：

$$\frac{P(D \mid H_2)}{P(D \mid H_1)}$$

所得的结果可以告诉我们，朋友声称自己有超能力的说法在解释数据方面要比你的假设好多少（或差多少）。在这个例子中，为简洁起见，我们将使用变量 BF 来表示"贝叶斯因子"。由于朋友在 10 次中预测对了 9 次，因此我们可以得到如下的计算结果：

$$\mathrm{BF} = \frac{P(D_{10} \mid H_2)}{P(D_{10} \mid H_1)} = \frac{\left(\frac{9}{10}\right)^9 \times \left(1 - \frac{9}{10}\right)^1}{\left(\frac{1}{6}\right)^9 \times \left(1 - \frac{1}{6}\right)^1} \approx 468\ 517$$

所得的似然比表明，朋友有超能力的这个假设解释数据的能力是他只是很幸运的这个假设的 468 517 倍。这有点令人担忧。根据前文中的贝叶斯因子评估准则（表 17-1），这意味着我们应该十分确定 H_2 是真的，即朋友拥有超能力。除非你已经对超能力的可能性深信不疑，否则总感觉这里有问题。

18.1.2　结合先验胜率

在本书中那些仅凭似然就给出奇怪结果的情况中，结合先验胜率大多就可以解决问题。显然，我们相信朋友假设的程度远不如相信自己假设的程度，所以用强大的先验胜率来支持你的假设是有意义的。一开始就可以把先验胜率设置得足够小，这样就可以抵消贝叶斯因子的作用，然后看看能否解决问题：

$$O(H_2) = \frac{1}{468\ 517}$$

计算出完整的后验胜率后，我们发现，你还是不相信朋友有超能力这一假设：

$$后验胜率 = O(H_2) \times \frac{P(D_{10} \mid H_2)}{P(D_{10} \mid H_1)} = 1$$

现在，先验胜率再一次将我们从仅考虑贝叶斯因子时会出现奇怪结果的问题中拯救了出来。

假定朋友继续掷骰子 5 次，并成功预测出 5 次的结果。现在我们就有了一组新的数据 D_{15}，它代表掷骰子 15 次，朋友猜对了其中 14 次的结果。现在计算后验胜率，我们会发现，即使先验胜率很小也于事无补：

$$后验胜率 = O(H_2) \times \frac{P(D_{15} \mid H_2)}{P(D_{15} \mid H_1)} = \frac{1}{468\ 517} \times \frac{\left(\frac{9}{10}\right)^{14} \times \left(1 - \frac{9}{10}\right)^{1}}{\left(\frac{1}{6}\right)^{14} \times \left(1 - \frac{1}{6}\right)^{1}} \approx 4592$$

我们使用的还是前面的先验胜率，再加上又猜对 5 次掷骰子的结果，后验胜率就约等于 4592，这意味着我们需要再次肯定朋友有超能力。

在前面的大多数问题中，我们通过添加一个正常的先验胜率来纠正不符合直觉的后验结果。但是现在我们已经添加了一个相当极端的先验来表示反对朋友拥有超能力，后验胜率仍然强烈支持朋友有超能力这一假设。

这是一个很重要的问题，因为贝叶斯推理应该与我们的日常逻辑保持一致。显然，掷 15 次骰子，猜对其中 14 次的结果是很不寻常的，但它很难让人们相信猜测者真的拥有超能力。然而，如果不能用假设检验解释这里发生了什么，那就意味着我们不能依靠假设检验解决日常生活中的统计问题。

18.1.3　考虑备择假设

这里的问题是，我们不愿意相信朋友有超能力。如果在现实生活中发现这种情况，你很可能会很快得出其他的结论。例如，你可能认为朋友使用的是作弊用的灌铅骰子，在 90% 的情况下会掷出某个数值。这是第三种假设，而前面的贝叶斯因子只关注了两种可能的假设：骰子是均匀的（ H_1 ），以及朋友有超能力（ H_2 ）。

到目前为止，贝叶斯因子告诉我们，朋友有超能力的可能性要远远大于他猜对掷均匀骰子的结果的可能性。从当前结果来看，骰子均匀的可能性极小，当我们这样考虑结论时会更有意义。之所以不愿意接受 H_2 这个备择假设，是因为根据对世界的信念，我们并不认为 H_2 是一个合理的解释。

重要的是要明白，假设检验只能比较一个事件的两种解释，但很多时候其实有无数种可能的解释。如果获胜的假设不能说服你，你任何时候都可以考虑第三种假设。

下面来看看，将获胜的假设 H_2 与新的假设 H_3 （骰子被操纵了，因而 90% 的时间会出现某种固定的结果）进行比较会发生什么。

我们以一个新的关于 H_2 的先验胜率开始，并称之为 $O(H_2)'$ （撇号是数学中常见的符号，意思是"类似但不相同"），它表示 $\dfrac{H_2}{H_3}$ 的胜率。假如，我们认为朋友使用灌铅骰子的可能性是他拥有超能力的可能性的 1000 倍（真正的先验胜率可能更极端）。这意味着朋友拥有超能力的先验胜率是 $\dfrac{1}{1000}$ 。如果重新审视新的后验胜率，我们会得到以下结果，这个结果很有趣：

$$后验胜率 = O(H_2)' \times \frac{P(D_{15} \mid H_2)}{P(D_{15} \mid H_3)} = \frac{1}{1000} \times \frac{\left(\frac{9}{10}\right)^{14} \times \left(1-\frac{9}{10}\right)^{1}}{\left(\frac{9}{10}\right)^{14} \times \left(1-\frac{9}{10}\right)^{1}} = \frac{1}{1000}$$

根据上面的计算，后验胜率等于先验胜率 $O(H_2)'$ 。出现这种情况是因为这两种假设的似然相等。换句话说， $P(D_{15} \mid H_2) = P(D_{15} \mid H_3)$ 。具体到这两种假设，就是朋友正确猜出掷骰子结果的似然与使用灌铅骰子的似然相同，因为我们给这两种假设分配的成功概率本就相等。这也意味着相应的贝叶斯因子始终为 1。

这样的结果与我们的日常直觉相当吻合。毕竟，抛开先验胜率不谈，每种假设都能很好地解释我们看到的数据。这意味着，如果在考虑数据之前，我们就认为一种解释的可能性要远远大于另一种，那么再多的新数据也不会改变我们的想法。观察到的数据不再有问题，因为我们找到了更恰当的解释。

在这种情况下，再多的数据也改变不了我们更相信 H_3 而不是 H_2，因为两者都能很好地解释所观察到的情况，而且我们已经认定 H_3 是比 H_2 更有可能的解释。有趣的是，我们会发现，即使先验信念完全是非理性的，我们也会出现这种状况。也许你非常相信存在超自然现象，也认为你的朋友是地球上最诚实的人。在这种情况下，你可能会把先验胜率定为 $O(H_2)' = 1000$。但如果你真的这样认为，那么再多的数据也无法令你相信朋友使用了灌铅骰子。

遇到这样的情况，重要的是要意识到，如果想解决一个问题，你得愿意改变自己的先验信念。如果不愿意放弃不合理的先验信念，那么你必须承认，自己并没有以贝叶斯的方式或逻辑推理。我们都有一些非理性的信念，只要不试图用贝叶斯推理证明它们，那就完全没有问题。

18.2　与亲戚和阴谋论者争论

如果在节假日晚餐时分与亲戚讨论过政治、气候变化或者最喜欢什么电影之类的话题，那么任何人都会有这样的亲身经历：他们在比较的两个假设都能很好地解释数据（对争论的人来说），但只有一开始的先验保留了下来。如果再多的数据都改变不了任何事情，那么怎么改变别人或者自己的信念呢？

我们已经看到，如果比较的是"朋友使用的是灌铅骰子"和"他有超能力"这两个信念，再多的数据也不能让你相信朋友有超能力。这是因为你的假设和朋友的假设都能很好地解释数据。为了让你相信他有超能力，你的朋友必须改变你原来的信念。例如，既然你怀疑他使用的是灌铅骰子，他可以让你选择使用的骰子。如果在你买了一个新的骰子后，你的朋友能继续准确地预测结果，你很可能就开始相信他有超能力的说法了。每当你遇到有两个假设能同等地解释数据的情况时，这一逻辑总是成立。此时，你必须看看在你的先验中有哪些是可以改变的。

假设在你购买了新骰子后，你的朋友依然能够正确地预测结果，但你仍然不相信他有超能力。你现在认为他一定有一种秘密的投掷方式。作为回应，朋友让你替他掷骰子，并且他继续成功地预测所掷点数——但你仍然不相信他。在这样的场景中，除了潜在的假设之外，还有其他的事情发生。现在你又有一个新假设 H_4，即朋友在作弊。你是不会改变自己的想法的。这意味着，对任何 D_n，都有 $P(D_n \mid H_4) = 1$。显然，这已经超出了贝叶斯统计的范畴，因为你本质上已经承认自己不会改变想法。不过还是要看看，如果朋友坚持要说服你，在数学上会发生什么。

来看看 H_2 和 H_4 这两种解释在使用数据 D_{10}（正确预测 9 次，错误 1 次）时的比较情况。此时的贝叶斯因子为：

$$BF = \frac{P(D_{10} \mid H_2)}{P(D_{10} \mid H_4)} = \frac{\left(\dfrac{9}{10}\right)^9 \times \left(1-\dfrac{9}{10}\right)^1}{1} \approx \frac{1}{26}$$

因为你拒绝相信除了朋友在作弊之外的任何事情，所以你观察到的朋友作弊的概率将是而且永远是 1。虽然这条数据与朋友有超能力的情况下我们所期望的完全一致，但我们发现自己的信念解释这条数据的程度要好 26 倍。你的朋友下定决心要改变你顽固的想法，于是他持续掷了 100 次骰子，正确预测 90 次，错误 10 次。这时，贝叶斯因子变得非常奇怪：

$$BF = \frac{P(D_{100} \mid H_2)}{P(D_{100} \mid H_4)} = \frac{\left(\dfrac{9}{10}\right)^{90} \times \left(1-\dfrac{9}{10}\right)^{10}}{1} \approx \frac{1}{131\,272\,619\,177\,803}$$

尽管数据强烈地支持朋友的假设，但由于你拒绝改变自己的观点，因此现在你更加坚信自己是对的。当我们完全不允许自己的思想被改变时，更多的数据只会进一步地让我们相信自己是正确的。

那些与政治上激进的亲戚或坚定的阴谋论者辩论过的人，可能非常熟悉这种情景。在贝叶斯推理中，信念至少是可以被证伪的，这一点至关重要。在传统科学中，可证伪意味着某些东西可以被证明是错误的，但在这个案例中，它只表示必须有某种方法来削弱我们对一个假设的信念。

在贝叶斯推理中，不可证伪的危险不在于它们不能被证明是错误的，而在于它们甚至会被那些看起来相矛盾的数据所强化。你的朋友不应该一直坚持说服你，而应该先问："让你看到什么才能改变你的想法？"如果你的回答是没有什么能够改变你的想法，那么你的朋友最好不要再向你提供更多的数据。

因此，下次与亲戚就政治或阴谋论辩论时，你应该先问他们："什么数据会改变你的想法？"如果他们没有答案，你最好不要试图用更多的数据佐证自己的观点，因为这样做只会让他们更加坚定自己的信念。

18.3　小结

在本章中，我们学习了假设检验可能出错的几种方式。虽然贝叶斯因子比较的是两种观点，但很可能还有其他同样有效的假设值得检验。

还有一些时候，我们发现两个假设都能很恰当地解释数据。例如，无论是朋友有超自然能力还是在掷骰子时要了花样，你都能看到同样正确的预测。在这种情况下，每种假设的先验胜率就变得很重要。这同时意味着，获取再多的数据也改变不了信念，因为它不会让其中任何一种假设比另一种假设更有优势。这个时候，最好是考虑如何改变影响结果的先验信念。

在更极端的情况下，我们可能会完全拒绝改变某个假设，这就像是以数据为依据进行自我欺骗。当出现这种情况时，更多的数据不仅不会说服我们改变自己的信念，反而会产生相反的效果。如果一个假设不能被证伪，那么越多的数据就只会让我们越加确信这一假设。

18.4 练习

试着回答以下问题，检验一下你对处理贝叶斯推理中极端情况的理解程度。

(1) 当两个假设都能很好地解释数据时，改变我们的想法的一个办法就是看我们能否处理好先验概率。有哪些因素可能会增强你对朋友拥有超能力的先验信念？

(2) 一项实验表明，当听到"佛罗里达"这个词时，人们会联想到老年人，进而会影响他们的步行速度。为了验证这一点，让两组各 15 名学生穿过一个房间：一组会听到"佛罗里达"这个词，另一组不会。令 H_1 表示两组学生的步行速度相同，H_2 表示其中一组因为听到"佛罗里达"一词而走得更慢。同时假设：

$$BF = \frac{P(D \mid H_2)}{P(D \mid H_1)}$$

实验表明 H_2 的贝叶斯因子为 19。假设有人不相信这项实验，因为 H_2 的先验胜率较低。先验胜率是多少可以解释某个人没有被说服？贝叶斯因子等于多少才能让这个不服气的人的后验胜率达到 50？

现在假设先验胜率没有改变持怀疑态度的人的想法。请想出另一个替代假设 H_3，用它可以解释听到"佛罗里达"一词的小组速度较慢这个观察结果。请记住，如果 H_2 和 H_3 都能很好地解释数据，那么只有先验胜率有利于 H_3 才会让人们认为 H_3 为真而不是 H_2，所以我们需要重新考虑实验，以便降低这样的概率。设计一个改变 H_3 相对于 H_2 的先验胜率的实验。

第 19 章

从假设检验到参数估计

到目前为止，我们都是在用后验胜率去比较两个假设。对简单的问题来说，这很合适；即使是有三四个假设，我们也可以通过多重假设检验来检验它们，就像在第 18 章所做的那样。但是有时，我们需要查找很大的可能假设范围来解释数据。例如，你要猜一个罐子里有多少颗糖豆，远处的建筑物有多高，或者一个航班到达的确切时间。在以上这些情况下，可能的假设都太多，多到无法对它们都进行假设检验。

　　幸运的是，有一种方法可以处理这些情况。在第 15 章中，我们学习了如何将参数估计问题转变为假设检验问题。在本章中，我们要做的是相反的事情：通过观察近乎连续的可能假设范围，将贝叶斯因子和后验胜率（一种假设检验）用作参数估计的一种形式。这种方法不仅允许我们评估两个以上的假设，还为我们提供了一种估计参数的简易框架。

19.1 嘉年华游戏真的公平吗

　　假设在一个嘉年华的游戏区中穿行时，你注意到有人和服务员在一池小塑料鸭子旁争吵。你好奇地走过去看，听到一个玩家在大喊："这款游戏被人为操控了！说好有 $\frac{1}{2}$ 的机会得奖，但我捞了 20 只鸭子只得到一个奖品！也就是说，在我这里得奖的机会只有 $\frac{1}{20}$ ！"

　　现在你对概率有了很深的理解，所以决定来化解这场争论。于是你向服务员和那位愤怒的顾客解释说，如果可以再多观察几次游戏，你就能用贝叶斯因子来判断谁是对的。你决定把结果设置成两个假设：H_1 表示服务员的主张即中奖的概率是 $\frac{1}{2}$，H_2 则表示愤怒顾客的主张即中奖的概

率只有 $\frac{1}{20}$：

$$H_1 : P(\text{中奖}) = \frac{1}{2}$$
$$H_2 : P(\text{中奖}) = \frac{1}{20}$$

服务员争辩说，因为没有看见顾客捞鸭子，所以他认为不应该使用顾客所说的数据——没有人可以证实数据的真实性。这对你来说很公平，于是你决定观看接下来的 100 次捞鸭子操作，并以此作为检验数据。在顾客捞出 100 只鸭子后，你发现其中的 24 只有奖品。

现在，来看看贝叶斯因子。由于对顾客或服务员的说法都没有什么意见，因此不用担心先验胜率，也不用计算出完整的后验胜率。

为了得到贝叶斯因子，需要计算每个假设的 $P(D|H)$：

$$P(D|H_1) = (0.5)^{24}(1-0.5)^{76}$$
$$P(D|H_2) = (0.05)^{24}(1-0.05)^{76}$$

单独来看，这两个概率都很小，但我们所关心的其实是比值。这样所得的结果就能告诉我们，顾客的假设解释数据的能力是服务员假设的多少倍：

$$\frac{P(D|H_2)}{P(D|H_1)} = \frac{1}{653}$$

计算出的贝叶斯因子告诉我们，服务员的假设 H_1 解释数据的能力是 H_2 的 653 倍，这意味着服务员的假设（捞起每只鸭子中奖的概率是 0.5）更可能为真。

这个结果看起来很奇怪。显然，如果中奖概率真的是 0.5，那么总共 100 只鸭子只有 24 只中奖似乎很不可能。我们可以用 R 语言的 pbinom() 函数（在第 13 章中介绍过）来计算二项分布，这样就可以算出得到 24 个或更少奖品的概率，假设中奖的概率真的是 0.5。

```
> pbinom(24,100,0.5)
9.050013e-08
```

可以看到，如果中奖的概率真的是 0.5，那么只得到 24 个或更少奖品的概率是非常小的；如果完全用小数来表示，得到的这个概率是 0.000 000 090 500 13。H_1 肯定有问题。尽管我们不太相信服务员的假设，但与顾客的假设相比，它仍然能更恰当地解释数据。

那么，还缺少什么呢？在前面的章节中，我们经常发现当贝叶斯因子本身不能给出有意义的答案时，先验胜率通常很重要。但正如在第 18 章中所看到的，有些时候先验胜率也不是造成问题的根本原因。在这种情况下，使用下面的等式似乎是合理的，因为我们并没有明显的倾向：

$$O\left(\frac{H_2}{H_1}\right) = 1$$

也许这里的问题是，你先入为主地不信任嘉年华游戏。因为贝叶斯因子的结果非常支持服务员的假设，所以先验胜率至少为 653，我们才能得到有利于顾客假设的后验胜率，即：

$$O\left(\frac{H_2}{H_1}\right) = 653$$

这真是对游戏公平性的严重不信任！除了先验外，这里肯定有什么问题。

19.1.1　考虑多种假设

一个明显的问题是，虽然直觉上服务员的假设是错误的，但顾客的备择假设也太极端了，更不可能正确，所以这两个假设都是错误的。如果顾客认为中奖的概率是 0.2，而不是 0.05 呢？我们将这个假设称为 H_3。对照服务员的假设 H_1 检验 H_3，这会从根本上改变似然比的结果：

$$\text{BF} = \frac{P(D \mid H_3)}{P(D \mid H_1)} = \frac{(0.2)^{24}(1-0.2)^{76}}{(0.5)^{24}(1-0.5)^{76}} \approx 917\ 399$$

这里我们看到，H_3 比 H_1 更恰当地解释了数据。贝叶斯因子为 917 399，现在可以肯定，H_1 远不是解释所观察数据的最佳假设，因为 H_3 完胜。在第一个假设检验中遇到的问题是，在描述事件方面，顾客的假设要比服务员的假设更差。不过也可以看到，这并不意味着服务员就是对的。我们提出了一个新的假设，它要比服务员的假设或顾客的假设都好得多。

当然，我们还没有真正解决这个问题。是不是还有更好的假设呢？

19.1.2　利用 R 语言寻找更多的假设

我们需要一个更通用的解决方案，搜索出所有可能的假设并从中挑选最好的一个。要做到这一点，可以使用 R 语言的 seq() 函数来创建需要与 H_1 进行比较的一系列假设。

将 0 和 1 之间每增加 0.01 作为一个可能的假设，这意味着我们会考虑 0.01、0.02、0.03，以此类推。我们称两个相邻假设之间的增量 0.01 为 dx（微积分中常用的符号，代表"最小的变化"），并使用它来定义 hypotheses 变量，这个变量代表我们考虑的所有可能假设。然后使用 R 语言的

seq()函数生成所有介于 0 和 1 之间的假设，其中假设之间的增量为 dx：

```
dx <- 0.01
hypotheses <- seq(0, 1, by=dx)
```

接下来，需要一个函数来计算任意两个假设的似然比，我们不妨将这个函数命名为 bayes.factor()。此函数有两个参数：h_top，即在分数线上方假设的中奖概率（分子）；h_bottom，即竞争假设的中奖概率（这里指服务员的假设）。可以像下面这样定义此函数：

```
bayes.factor <- function(h_top,h_bottom){
  ((h_top)^24*(1-h_top)^76)/((h_bottom)^24*(1-h_bottom)^76)
}
```

最后，计算所有这些可能假设的似然比：

```
bfs <- bayes.factor(hypotheses, 0.5)
```

使用 R 语言的基础绘图功能，看看似然比是什么样子：

```
plot(hypotheses, bfs, type='l')
```

图 19-1 显示的是所得到的图。

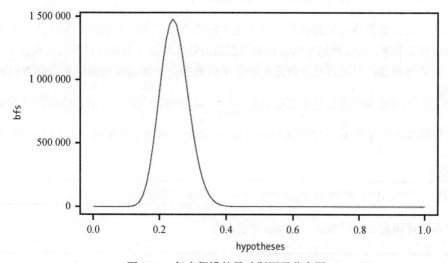

图 19-1　每个假设的贝叶斯因子分布图

现在我们可以看到针对自己所观察数据的不同解释的清晰分布。利用 R 语言，我们可以看到所有可能的假设，其中曲线上的每一个点都代表 x 轴上相应假设的贝叶斯因子。

通过对 bfs 向量调用 max() 函数，还可以得到贝叶斯因子的最大值：

```
> max(bfs)
1.47877610^{6}
```

然后可以核查哪个假设对应的似然比最高，也就是最应该相信哪个假设。为此，输入以下代码：

```
> hypotheses[which.max(bfs)]
0.24
```

现在我们知道 0.24 这一概率是最好的猜测，因为和服务员的假设相比，这个假设产生的似然比最大。在第 10 章中，我们了解到，使用数据的均值或期望值通常是一个好方法，能计算出参数估计值。这里只是选择了那个能够最好地解释数据的假设，因为目前还没有办法用观测到的概率来度量我们的估计值。

19.1.3　将先验加到似然比上

现在你向顾客和服务员介绍你的发现，两人都认为这一发现很有说服力，但另一个人走过来对你说：“我曾经做过这样的游戏，我可以告诉你，由于一些不为人知的行业原因，设计此类捞鸭子游戏的人从来不会把中奖率放在 0.2 和 0.3 之间。我敢打赌，真实中奖率不在此范围内的胜率是 1000 比 1。不过除此以外，我没有任何其他线索。”

现在我们有了想使用的先验胜率。由于这个前游戏制作者已经给出了他自己关于中奖概率先验信念的可靠胜率，因此我们可以将其乘以当前的贝叶斯因子列表以计算出后验胜率。要做到这一点，我们要创建一个涵盖每个假设先验胜率的列表。正如前游戏制作者告诉我们的那样，0.2 和 0.3 之间所有概率的先验胜率都应该是 $\frac{1}{1000}$。由于前游戏制作者对其他假设没有意见，因此这些假设的胜率将等于 1。可以利用 hypotheses 向量，再加上简单的 ifelse 语句来创建胜率向量：

```
priors <- ifelse(hypotheses >= 0.2 & hypotheses <= 0.3, 1/1000,1)
```

然后可以再次使用 plot() 函数画出先验胜率的分布：

```
plot(hypotheses, priors, type='l')
```

图 19-2 展示了先验胜率的分布。

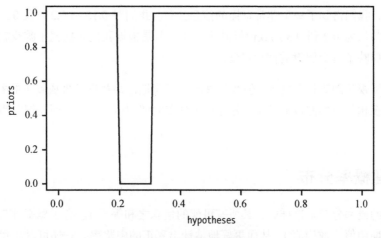

图 19-2　可视化先验胜率

　　因为 R 是一种基于向量的语言（关于这方面的更多信息，见附录 A），所以直接用 priors 乘以 bfs，就可以得到表示贝叶斯因子的新向量 posteriors：

```
posteriors <- priors * bfs
```

最后，可以绘制出包括所有假设后验胜率的图：

```
plot(hypotheses, posteriors, type='l')
```

结果如图 19-3 所示。

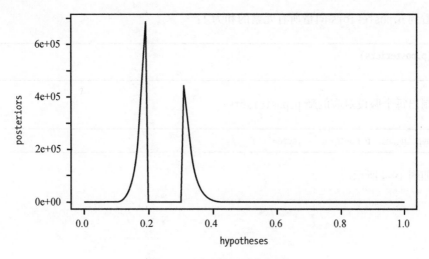

图 19-3　贝叶斯因子分布图

可以看到，我们得到了一个非常奇怪的信念分布。我们对 0.15 到 0.2 以及 0.3 到 0.35 的数值相当有信心，却认为 0.2 到 0.3 的数值极其不可能。但是根据我们对捞鸭子游戏制作的了解，这个分布真实地反映了每个假设的信念强度。

虽然这种可视化图表很有帮助，但我们真的希望能把这些数据处理成真正的概率分布。这样就能问自己有多相信可能假设的范围，并计算出分布的期望值，从而得到我们对假设的单一估计结果。

19.2　构建概率分布

一个真正的概率分布是这样的，其所有可能的信念之和等于 1。有了概率分布，我们就可以计算出数据的期望值（或均值），从而更好地估计出真正的中奖率。它还可以让我们直接对值的范围求和，这样就可以得出置信区间和其他类似的估计值。

这里的问题是，如果将所有假设的后验概率加起来，其结果不等于 1。如下面的计算所示：

```
> sum(posteriors)
3.140687510^{6}
```

这意味着我们需要将后验概率归一化，使其总和等于 1。为此，只需要将 posteriors 向量中的每个值除以所有向量元素的和：

```
p.posteriors <- posteriors/sum(posteriors)
```

现在可以看到 p.posteriors 向量所有元素的和为 1：

```
> sum(p.posteriors)
1
```

最后，绘制出每个假设对应的新 p.posteriors：

```
plot(hypotheses, p.posteriors, type='l')
```

绘制结果如图 19-4 所示。

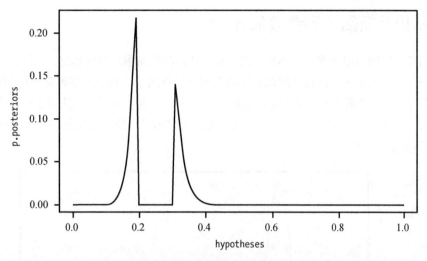

图 19-4 归一化后的后验概率（注意 y 轴上的标度）

还可以利用 p.posteriors 来回答一些关于数据的常见问题。例如，现在要计算真正的中奖率低于服务员所说的概率，只需将所有小于 0.5 的值的概率相加：

```
sum(p.posteriors[which(hypotheses < 0.5)])
> 0.9999995
```

可以看到，中奖率低于服务员假设的概率几乎为 1，也就是说，我们几乎可以肯定服务员夸大了真实的中奖率。

还可以计算出分布的期望值，并将此结果用作对真实概率的估计。回想一下，期望值其实是估计值加权后的总和：

```
> sum(p.posteriors * hypotheses)
0.2402704
```

当然，可以看到这个分布不太典型，中间有很大的缺口，所以我们想直接选择最可能的估计值，如下所示：

```
> hypotheses[which.max(p.posteriors)]
0.19
```

现在已经用贝叶斯因子得出了一系列概率估计值，来计算捞鸭子游戏真正可能的中奖率。这也意味着我们已经把贝叶斯因子当作了参数估计的一种形式。

19.3   从贝叶斯因子到参数估计

让我们花些时间再单独看看似然比。当没有对任何假设使用先验概率时，你可能会觉得我们已经有了非常好的方法来解决这个问题，不再需要贝叶斯因子。我们观察到有 24 只鸭子中奖、76 只鸭子没有中奖。难道不能用前面学习过的 β 分布来解决这个问题吗？从第 5 章开始我们已经讨论过多次，如果想估算某个事件发生的概率，无论何时都可以使用 β 分布。图 19-5 展示了 α 为 24 且 β 为 76 的 β 分布图。

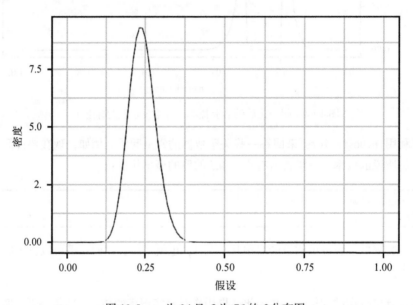

图 19-5 α 为 24 且 β 为 76 的 β 分布图

除了 y 轴的标度外，该图看起来与似然比的原始图几乎相同。事实上，用一些简单的技巧，就可以让这两张图完美地结合起来，即以 dx 为系数对 β 分布进行缩小并将 bfs 归一化。可以看到这两个分布变得相当接近（图 19-6）。

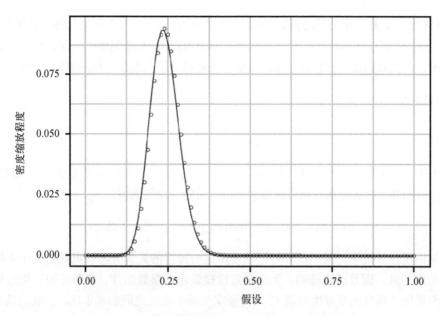

图 19-6　似然比的初始分布与 Beta(24, 76)相当接近

现在似乎只有一点儿差别了。我们可以通过使用最弱的先验即中奖和未中奖的可能性相等来解决这个问题——也就是将参数 α 和参数 β 都加 1，如图 19-7 所示。

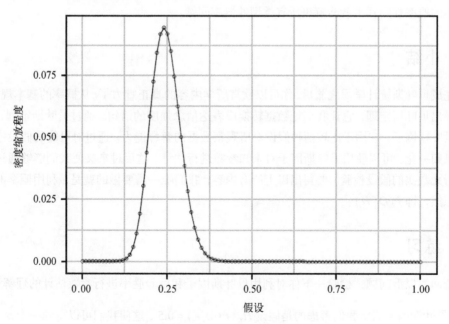

图 19-7　似然比与 Beta(24+1, 76+1)完美匹配

现在可以看到，这两个分布是完全一致的。第 5 章提到过，β 分布很难从概率的基本规则中推导出来。然而，通过使用贝叶斯因子，我们已经能够根据经验重新创建一个假定先验为 Beta(1, 1) 的修正版本，并且我们没有用任何复杂的数学方法就做到了！我们要做的事情可以归纳如下：

(1) 定义给定假设下数据的概率；

(2) 考虑所有可能的假设；

(3) 将这些值归一化，形成一个概率分布。

在本书中，每次使用 β 分布时，我们都使用了先验信息。这使计算更容易，因为我们可以通过结合似然分布和先验 β 分布的相应 α 和 β 来得出后验。换句话说：

$$\text{Beta}(\alpha_{后验}, \beta_{后验}) = \text{Beta}(\alpha_{先验} + \alpha_{似然}, \beta_{先验} + \beta_{似然})$$

通过贝叶斯因子建立分布，我们能够轻松地使用这一独特的先验分布。贝叶斯因子不仅是构建假设检验的好工具，而且事实证明，无论是假设检验还是参数估计，它都是我们构造任何概率分布时所需要的（其目的是解决问题）。只需要定义两个假设之间的基本比较，我们就可以进行计算了。

在第 15 章构建 A/B 测试时，我们弄清楚了如何将许多假设检验问题简化为参数估计问题。现在，你已经看到了如何利用最常见的假设检验形式来进行参数估计。有了这样的了解，我们只用最基本的概率规则几乎就能解决所有类型的概率问题。

19.4　小结

在完成贝叶斯统计学习之旅后，你可以欣赏所学内容的真正魅力了。从概率的基本规则出发，可以推导出贝叶斯定理，它让我们把数据转换成表达信念强度的语句。通过贝叶斯定理，又可以推导出贝叶斯因子，它用于比较两种假设对所观察数据的解释能力。通过对可能的假设进行遍历并将结果归一化，可以使用贝叶斯因子对未知参数进行估计。这反过来又使我们能够通过比较估计值进行无数次的假设检验。要得出以上所有内容，我们唯一需要做的就是，利用概率的基本规则定义似然，即 $P(D \mid H)$。

19.5　练习

试着回答以下问题，检验一下你对利用贝叶斯因子和后验胜率进行参数估计的理解程度。

(1) 贝叶斯因子假定我们考虑的是假设 $H_1 : P(中奖) = 0.5$，这使我们可以得到一个 α 为 1、β 也为 1 的 β 分布。如果我们为 H_1 选择一个不同的概率，会有什么影响？假设 $H_1 : P(中奖) = 0.24$，看看所得到的分布，一旦归一化总和为 1，是否会与原来假设的分布有任何不同？

(2) 写出下面分布的先验，其中每个假设的可能性是前一个假设的 1.05 倍（假设 dx 仍为 0.01）。

(3) 假设你观察到另一个捞鸭子游戏，其中 34 只中奖，66 只未中奖。你将如何设置假设检验来回答如下的问题：相较于在前面例子的游戏中的中奖机会，在这款游戏中你中奖机会更大的概率是多少？

完成这个问题用到的 R 代码要比本书中使用的更复杂一些，试试自己能否自学完成，从而在更高级的贝叶斯统计学中开启自己的冒险之旅！

附录 A

R 语言快速入门

本书使用 R 语言来做一些棘手的数学计算工作。R 是一种专门用于统计和数据科学的编程语言。即使没有使用 R 语言的经验，也没有一般的编程经验，你也不用担心——本附录能够让你入门。

A.1 R 和 RStudio

要运行本书中的示例代码，你需要在计算机上安装好 R。要安装 R，需要访问其官方网站并下载安装程序，然后根据所用计算机操作系统的对应安装步骤进行安装。

安装好了 R 之后，还应该安装 RStudio。这是 R 语言的集成开发环境（IDE），它可以让运行 R 项目变得非常容易。RStudio 也可以从其官方网站下载。

安装完 RStudio 后打开，你可以看到如下欢迎界面（图 A-1）。

图 A-1　在 RStudio 中查看控制台

最重要的界面是左边的这一大块面板，它是**控制台**（console）。在控制台中，你可以输入本书的任何代码示例，想要运行它们只需要按回车键。按回车键后，控制台会立即运行你输入的所有代码，不过这让代码跟踪工作变得很难。

要想编写的程序可以保存并可随时检查，你可以将代码放在 R 脚本中。这是一个文本文件，可以随时将它加载到控制台中。R 是一种交互性很强的编程语言，所以与其把控制台看成是可以测试代码的地方，不如把 R 脚本看成是能够快速加载到控制台中使用的工具。

A.2　创建 R 脚本

要创建 R 脚本，只需要在 RStudio 中执行 File ▶ New File ▶ R Script，就会在界面的左上方创建一个新的空白面板，如图 A-2 所示。

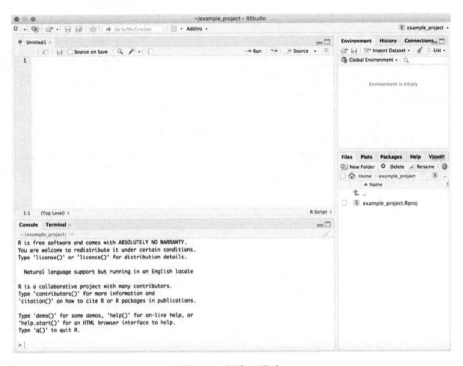

图 A-2　创建 R 脚本

在这个空白面板中，我们可以输入代码并将其保存为文件。要运行代码，只需单击面板右上方的 Source 按钮。单击 Run 按钮则可以运行单行代码。单击 Source 按钮会自动把当前的文件加载到控制台中，就像在控制台中手动输入代码一样。

A.3　R 语言的基本概念

在本书中，我们把 R 作为一个高级计算器使用。这意味着你只需要了解一些基本知识，就可以自己解决问题并拓展书中的示例。

A.3.1　数据类型

每种编程语言都有各种数据类型，它们被用于不同的目的，也有着不同的操作方式。R 语言有丰富的数据类型和数据结构，但本书只用到了其中极少的一部分。

1. 双精度浮点数

在 R 中使用的数都是 double 类型（"双精度浮点数"的简称，这是计算机表示十进制数的最常用方法）。double是R语言中十进制数的默认类型。除非另有说明，否则输入到控制台中的所有数都是双精度浮点数。

可以使用标准的数学运算处理双精度浮点数。例如，用运算符"+"表示两个数相加。在控制台中试试以下操作：

```
> 5 + 2
[1] 7
```

还可以用运算符"/"表示除以某个数从而得到相应的商：

```
> 5/2
[1] 2.5
```

用运算符"*"表示乘法运算，像下面这样：

```
> 5 * 2
[1] 10
```

用运算符"^"来计算一个数的乘方，例如5^2为：

```
> 5^2
[1] 25
```

还可以在一个数的前面加上"-"，使其变成该数的相反数：

```
> 5 - -2
[1] 7
```

可以用符号"e+"来表示科学记数法，因此5×10^2可以表示如下：

```
> 5e+2
[1] 500
```

如果使用符号"e-"，就会得到与5×10^{-2}相同的结果：

```
> 5e-2
[1] 0.05
```

这个知识点很有用，因为如果数太大而不能在屏幕上显示全，R就会返回用科学记数法表示的结果，像下面这样。

```
> 5*10^20
[1] 5e+20
```

2. 字符串

R 语言中另一种重要的数据类型是字符串（string），它是一组表示文本的字符。在 R 中用双引号将字符串引起来，像下面这样：

```
> "hello"
[1] "hello"
```

需要注意的是，如果将数字放在字符串中，就不能在常规数学运算中使用该数字，因为字符串和数值是不同的数据类型，例如：

```
> "2" + 2
Error in "2" + 2 : non-numeric argument to binary operator
```

在本书中，我们并不会大量使用字符串。我们主要用字符串来给函数传递参数，以及给绘图结果加标签。但如果要使用字符串，记住它们则很重要。

3. 逻辑类型

逻辑类型是由 TRUE 和 FALSE 表示的真值或假值。注意，这里的 TRUE 和 FALSE 并不是字符串——它们没有被引号引起来，并且都是大写字母。（R 还可以直接使用 T 或 F 来代替完整的单词。）

我们可以用符号"&"（与）和"|"（或）将逻辑值组合起来，从而执行基本的逻辑运算。如果想知道某个事件能否既为真也为假，可以输入如下代码：

```
> TRUE & FALSE
```

R 会返回如下结果：

```
[1] FALSE
```

这是告诉我们，一个值不能既为真也为假。

那么，一个值可以为真或为假吗？

```
> TRUE | FALSE
[1] TRUE
```

与字符串相同，在本书中，逻辑值主要用于为函数提供参数，或者作为两个值的比较结果。

A.3.2 缺失值

在实际的统计学和数据科学中,往往会有一些数据的值缺失。假设你连续一个月都在测量每天上午和下午的温度,但有一天系统发生了故障,因此这天上午的温度就缺失了。由于出现缺失值的情况非常普遍,因此 R 语言有一种特殊的方式来表示它们:NA。用专门的方法来处理缺失值是很重要的,因为它们在不同情况下的含义可能截然不同。例如,当你测量降雨量时,一个缺失值可能意味着雨量计中没有雨,也可能意味着其中有大量的雨水,但由于当晚温度很低使雨量计破裂,因此所有的雨水都漏掉了。如果是第一种情况,我们可能认为缺失值意味着 0,但如果是第二种情况,我们则不清楚该值应该是什么。将缺失值与其他值分开,迫使我们去考虑这些差异。

为了提示我们要弄明白缺失值是什么,R 会对任何使用缺失值的运算输出 NA,如下所示:

```
> NA + 2
[1] NA
```

稍后我们会看到,R 中的各种函数会以不同的方式来处理缺失值。对本书中使用的 R 代码,你无须担心缺失值的问题。

A.3.3 向量

几乎每种编程语言都包含某些独有的特性,使其非常适合解决某个领域的问题。R 的特殊性在于它是一种**向量语言**(vector language)。向量是一个数值列表,R 所做的一切就是对向量进行运算。我们使用代码 c(...)来定义向量。(即使只输入一个值,R 也会这样做!)

为了理解向量是如何工作的,来看看下面这个例子。请在脚本中输入如下的例子,而不是在控制台中输入。首先,通过使用赋值运算符"<-"将向量 c(1,2,3)赋值给变量 x 来创建一个新的向量,像下面这样:

```
x <- c(1,2,3)
```

现在我们有了一个可以在计算中使用的向量。当进行简单的运算时,比如将 3 加到 x 上,在控制台中输入这条语句后,我们会得到一个相当意外的结果(特别是当你习惯了其他的编程语言时):

```
> x + 3
[1] 4 5 6
```

x + 3 的结果告诉我们,如果将向量 x 的每个元素都加 3,会发生什么。(在许多其他编程语言中,需要使用 for 循环或其他迭代器来执行此运算。)

我们还可以让向量相加。这里，我们将创建一个包含 3 个元素的新向量，每个元素的值都为 2。我们将它命名为 y，然后再将它与 x 相加：

```
> y <- c(2,2,2)
> x + y
[1] 3 4 5
```

可以看到，这个运算是将 x 中的每个元素与 y 中的相应元素相加。

如果将两个向量相乘呢?

```
> x * y
[1] 2 4 6
```

答案是将 x 中的每个元素与 y 中相应的元素相乘。如果两个向量的元素个数不一样，或者一个向量的元素个数不是另一个的整数倍，那么我们就会得到错误提示。如果一个向量的元素个数是另一个的整数倍，那么 R 就会将短向量的元素个数扩展为与长向量一样。不过，本书并不会使用这个功能。

通过在现有向量的基础上定义另一个向量，我们可以很容易地组合 R 中的向量。这里通过合并向量 x 和向量 y 来创建向量 z：

```
> z <- c(x,y)
> z
[1] 1 2 3 2 2 2
```

注意，这个操作并不会生成由向量组成的向量；相反，我们得到的是一个新向量，这个向量包含了之前两个向量的所有元素，元素的顺序按照定义向量 z 时向量 x 和向量 y 所处的顺序排列。

学习如何有效地在 R 中使用向量对初学者来说有些难度。令人意外的是，对那些拥有丰富非向量语言经验的程序员来说，往往最有难度。不过不用担心，在本书中，我们使用向量只是为了让代码更容易阅读。

A.4　函数

函数是对值进行特定操作的代码块。在 R 中，我们通过使用函数来解决问题。

在 R 和 RStudio 中，所有的函数都配有帮助文档。如果在 R 控制台中输入?和某个函数名称，你就会得到该函数的完整帮助文档。如果在 RStudio 控制台中输入 `?sum`，你就会在屏幕的右下方看到图 A-3 所示的文档。

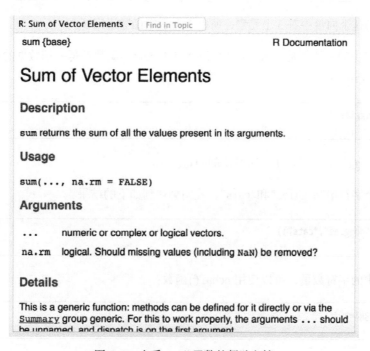

图 A-3　查看 sum() 函数的帮助文档

这一文档介绍了 sum() 函数的定义和它的一些用法。sum() 函数可以取向量各个元素的值并将它们相加。文档中说它以...为参数，这意味着它接受任何数量的值。通常这些值是一个向量的元素，但它们也可以是多个向量。

文档还列出了一个可选参数：na.rm = FALSE。可选参数是指那些不必传递值函数仍然可以工作的参数。如果你不给可选参数传递值，R 就会使用该参数的默认值。具体到这个例子中的 na.rm，它的意思是自动删除任何缺失值，该参数的默认值是等号之后的 FALSE。这就意味着，默认情况下，sum() 函数不会删除缺失值。

基础函数

下面来介绍 R 中最重要的一些函数。

1. length() 和 nchar()

length() 函数会返回向量的长度：

```
> length(c(1,2,3))
[1] 3
```

因为 c(1, 2, 3)这个向量中有 3 个元素，所以 length()函数返回 3。

由于 R 语言中的一切都是向量，因此可以通过 length()函数获得一切数据的长度，甚至是字符串，比如"doggies"：

```
> length("doggies")
[1] 1
```

这里，R 表示"doggies"是包含 1 个字符串的向量。

如果是两个字符串"doggies"和"cats"，我们会得到如下的结果：

```
> length(c("doggies","cats"))
[1] 2
```

想知道字符串中的字符数量，可以使用 nchar()函数：

```
> nchar("doggies")
[1] 7
```

需要注意的是，如果对向量 c("doggies", "cats")应用 nchar()函数，R 则会返回由每个字符串中的字符个数组成的新向量。

```
> nchar(c("doggies","cats"))
[1] 7 4
```

2. sum()、cumsum()和 diff()

sum()函数以数值向量为参数，然后计算此向量中的所有数值之和：

```
> sum(c(1,1,1,1,1))
[1] 5
```

正如在帮助文档中看到的那样，sum()以...为参数，这就意味着它可以接受任何数量的值为参数：

```
> sum(2,3,1)
[1] 6
> sum(c(2,3),1)
```

```
[1] 6
> sum(c(2,3,1))
[1] 6
```

从上面可以看到，无论提供多少个向量，sum()函数都会将这些向量的元素相加，就像它们是一个向量的元素一样。如果想对多个向量分别求和，你需要对每个向量单独调用 sum()函数。

此外，还要记住 sum()函数有可选参数 na.rm，其默认值为 FALSE。此参数的作用是指定 sum()函数是否删除缺失值。

如果将 na.rm 设置为 FALSE，来看看对一个包含缺失值的向量调用 sum()函数会发生什么：

```
> sum(c(1,NA,3))
[1] NA
```

前文在介绍 NA 时我们就看到过，NA 加上一个值的结果还是 NA。如果想要 R 返回的答案为数值，我们通过将 na.rm 设置为 TRUE 来告诉 sum()函数删除缺失值：

```
> sum(c(1,NA,3),na.rm = TRUE)
[1] 4
```

cumsum()函数则以一个向量为参数并计算其元素的**累积和**（cumulative sum）——返回的向量长度与原向量相等，每个元素值则变成原向量中该位置之前的所有元素之和（包括该位置的元素）。下面的代码示例能帮助我们理解得更清楚：

```
> cumsum(c(1,1,1,1,1))
[1] 1 2 3 4 5
> cumsum(c(2,10,20))
[1] 2 12 32
```

diff()函数同样以一个向量为参数，并从向量的第二个元素开始用当前元素减去前一个元素：

```
> diff(c(1,2,3,4,5))
[1] 1 1 1 1
> diff(c(2,10,3))
[1] 8 -7
```

需要注意的是，diff()函数返回的结果要比原来的向量少一个元素，这是因为第一个元素没有前一个元素可减。

3. ":" 运算符和 seq() 函数

通常来说，与其手动输入一个向量中的每个元素，我们更愿意自动生成向量。为了自动创建特定范围内的整数向量，可以使用 ":" 运算符分隔该范围的初始值和终止值。R 甚至可以知道你是想向上计数还是向下计数（严格来说，用 c() 将 ":" 运算符包起来并不是必需的）：

```
> c(1:5)
[1] 1 2 3 4 5

> c(5:1)
[1] 5 4 3 2 1
```

当使用 ":" 运算符时，R 会从第一个值一直输出到最后一个值。

有时，我们想用 1 以外的增量来计数。seq() 函数允许我们创建一个以指定增量递增的数值序列向量。seq() 函数的参数依次是：

❑ 序列的初始值；
❑ 序列的终止值；
❑ 序列的增量。

下面，来看几个调用 seq() 函数的示例：

```
> seq(1,1.1,0.05)
[1] 1.00 1.05 1.10

> seq(0,15,5)
[1]  0  5  10 15

> seq(1,2,0.3)
[1] 1.0 1.3 1.6 1.9
```

如果想使用 seq() 函数向下计数，可以用负值作为增量，如下所示。

```
> seq(10,5,-1)
[1] 10  9  8  7  6  5
```

4. ifelse() 函数

ifelse() 函数告诉 R 根据某些条件执行两个操作中的一个。如果你习惯了其他语言中的 if ... else 控制结构，这个函数可能会有些令你困惑。在 R 中，该函数需要以下 3 个参数（按顺序列出）：

- 关于某个向量的陈述，其值可能为真也可能为假；
- 该陈述为真时会发生什么；
- 该陈述为假时会发生什么。

ifelse()函数会一次性地对整个向量进行操作。当涉及的向量只包含一个值时，它的用法非常直观：

```
> ifelse(2 < 3,"small","too big")
[1] "small"
```

这里的陈述表示：2 小于 3。如果该陈述为真，R 需要输出"small"，如果为假则输出"too big"。

假设向量 x 包含多个值：

```
> x <- c(1,2,3)
```

如果以向量 x 作为参数，ifelse()函数将根据向量中的每个元素返回相应的值：

```
> ifelse(x < 3,"small","too big")
[1] "small"    "small"    "too big"
```

也可以在 ifelse()的结果参数中使用向量。假设除了向量 x 外，还有另外一个向量 y：

```
y <- c(2,1,6)
```

现在我们想生成一个新的列表，它包含的是向量 x 和向量 y 中每个位置上的最大值。用 ifelse()函数解决这个问题就非常简单：

```
> ifelse(x > y,x,y)
[1] 2 2 6
```

可以看到，R 将向量 x 中的每个元素与向量 y 中相应位置的元素进行了比较，并输出了两者中较大的元素。

A.5　随机抽样

我们经常会使用 R 进行随机抽样取值，这可以让计算机为我们挑选一个随机的数或值。可以用这样的随机抽样来模拟一些活动，比如抛掷硬币、玩"石头、剪子、布"，或者在 1 和 100 之间选一个数值。

A.5.1 runif()函数

一种随机抽样的方法是使用 runif()函数,它是**均匀随机**(random uniform)的简称。此函数需传递一个必要的参数 n,然后在 0 到 1 的范围内随机生成 n 个样本:

```
> runif(5)
[1] 0.8688236  0.1078877  0.6814762  0.9152730  0.8702736
```

将此函数和 ifelse()函数结合使用,能够以 20%的概率生成字母 A(剩余 80%的概率生成其他字母)。例如,通过 runif(5)生成 5 个 0 和 1 之间的随机值,如果该值小于 0.2,就返回字母"A",否则返回字母"B":

```
> ifelse(runif(5) < 0.2,"A","B")
[1] "B" "B" "B" "B" "A"
```

由于生成的值是随机的,因此每次运行 ifelse()函数都会得到不同的结果。下面列出了一些可能的结果:

```
> ifelse(runif(5) < 0.2,"A","B")
[1] "B" "B" "B" "B" "B"
> ifelse(runif(5) < 0.2,"A","B")
 [1] "A" "A" "B" "B" "B"
```

runif()函数的第二个和第三个参数都是可更改的,它们分别是均匀抽样范围的最小值和最大值。默认情况下,这两个参数的取值分别是 0 和 1,但你也可以根据自己的需要去设置。

```
> runif(5,0,2)
[1] 1.4875132  0.9368703  0.4759267  1.8924910  1.6925406
```

A.5.2 rnorm()函数

也可以使用 rnorm()函数从正态分布中抽样。这部分内容在正文中更深入地讨论(正态分布的具体讨论见第 12 章)。

```
> rnorm(3)
[1]  0.28352476  0.03482336  -0.20195303
```

默认情况下,rnorm()将从均值为 0、标准差为 1 的正态分布中抽样,如上面的例子所示。对不熟悉正态分布的读者来说,这个例子意味着样本会在 0 附近呈"钟形"分布,其中大多数样本在 0 附近，极少数样本小于 −3 或者大于 3。

　　rnorm() 函数有两个可更改的参数：mean 和 sd。这两个参数分别允许你设置不同的均值和标准差：

```
> rnorm(4,mean=2,sd=10)
[1] -12.801407  -9.648737   1.707625  -8.232063
```

在统计学中，从正态分布中抽样往往要比从均匀分布中抽样更常见，所以 rnorm() 函数相当方便。

A.5.3　sample() 函数

　　有时，我们并不想从那些经过充分研究的分布中抽样。例如，你有一个抽屉，里面装了各种颜色的袜子：

```
socks <- c("red","grey","white","red","black")
```

如果想模拟随机挑选两只袜子的行为，可以用 R 的 sample() 函数。它有两个参数，分别是要从其中抽样的向量和样本的个数：

```
> sample(socks,2)
[1] "grey"  "red"
```

sample() 函数的行为就像从抽屉里随机挑选两只袜子——没有放回的随机挑选。如果挑选的数量是 5 只，我们就会得到抽屉里的所有袜子：

```
> sample(socks,5)
[1] "grey"  "red"   "red"   "black" "white"
```

这也意味着，如果试图从只有 5 只袜子的抽屉里拿出 6 只袜子，我们就会收到错误提示：

```
> sample(socks,6)
Error in sample.int(length(x), size, replace, prob) :
  cannot take a sample larger than the population when 'replace = FALSE'
```

如果想抽样的类型是"有放回的抽样"，我们可以将可选参数 replace 设置为 TRUE。这样，每抽取一只袜子后，就会把它放回抽屉。这允许我们从中抽取的袜子数量比抽屉里的数量多。这也意味着抽屉里袜子的颜色永远不会改变。

```
> sample(socks,6,replace=TRUE)
[1] "black" "red"   "black" "red"   "black" "black"
```

有了这些简单的抽样工具，你不必做大量的数学运算，就可以在 R 中执行非常复杂的模拟。

A.5.4   使用 set.seed() 获得可预测的随机结果

R 生成的"随机数"并不是真正的随机数。在所有的编程语言中，随机数都是由**伪随机数生成器**（pseudo-random number generator）生成的。它需要一个随机种子值，并利用该值生成一组数值序列，这组序列对大多数任务来说是足够随机的。种子值确定了伪随机数生成器的初始状态，并决定了序列中的下一个值是多少。在 R 中，可以通过 set.seed() 函数手动设置这个种子值。当我们想产生相同的随机结果时，设置种子值是非常有用的办法：

```
> set.seed(1337)
> ifelse(runif(5) < 0.2,"A","B")
[1] "B" "B" "A" "B" "B"
> set.seed(1337)
> ifelse(runif(5) < 0.2,"A","B")
[1] "B" "B" "A" "B" "B"
```

可以看到，当 runif() 函数两次使用相同的种子值时，它产生了同一组所谓的随机值。set.seed() 的主要优点是让结果可重复。这让跟踪抽样程序中的缺陷更容易，因为程序每次运行产生的结果都是相同的。

A.6   自定义函数

有时，将那些需要重复执行的特定操作定义为函数是很有帮助的。在 R 语言中，使用关键字 function 来定义函数（关键字是编程语言为特定用途而保留的一些特殊词汇）。

下面给出了一个函数的定义。它有一个参数 val，此处表示用户需要传递给函数的值。该函数的作用是将 val 翻倍，然后再计算它的立方。

```
double_then_cube <- function(val){
  (val*2)^3
}
```

一旦定义好了函数，就可以使用它，就像使用 R 的内置函数一样。下面对数字 8 调用 double_then_cube() 函数。

```
> double_then_cube(8)
[1] 4096
```

同样，由于所做的一切都是向量化的（也就是说，这里的值也都适用于向量），因此这个自定义函数对向量和单个数值都起作用：

```
> double_then_cube(c(1,2,3))
[1] 8 64 216
```

我们也可以定义有多个参数的函数。下面定义的 sum_then_square()函数，就是先将两个参数相加，再求和的平方：

```
sum_then_square <- function(x,y){
  (x+y)^2
}
```

通过在函数的定义中包含两个参数(x, y)，我们告诉 R，sum_then_square()函数需要有两个参数。现在可以像下面这样使用这个新函数：

```
> sum_then_square(2,3)
[1] 25
> sum_then_square(c(1,2),c(5,3))
[1] 36 25
```

我们也可以定义包含多行代码的函数。在 R 中，当一个函数被调用时，它总会返回函数定义中最后一行代码计算出的结果。这意味着可以像下面这样改写 sum_then_square()函数：

```
sum_then_square <- function(x, y){
  sum_of_args <- x+y
  square_of_result <- sum_of_args^2
  square_of_result
}
```

通常在自定义函数时，我们会将它们写在 R 脚本文件中，这样就可以保存起来供以后重复使用。

A.7　绘制基本图形

在 R 中，快速生成数据图很容易。虽然 R 有一个非常出色的绘图库 ggplot2，其中包含许多可以生成漂亮图表的有用函数，但现在只讨论 R 中的基本绘图函数，这些函数本身就非常有用。

为了说明绘图函数的工作原理，我们将创建两个数值向量 xs 和 ys：

```
> xs <- c(1,2,3,4,5)
> ys <- c(2,3,2,4,6)
```

接下来，可以将这两个向量用作 plot() 函数的参数来生成数据图。plot() 函数需要两个参数：绘图点对应的 x 坐标和 y 坐标，它们按照顺序排列：

```
> plot(xs,ys)
```

调用这个函数会在 RStudio 界面的左下角生成图 A-4 所示的简图。

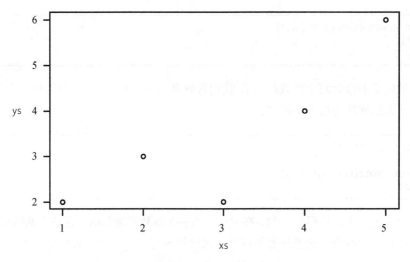

图 A-4 用 R 的 plot() 函数绘制出的简图

这张图显示了 xs 值与其对应的 ys 值之间的关系。回到这个函数，我们可以用可更改的 main 参数给这张图增加一个标题。我们还可以用 xlab 参数和 ylab 参数改变 x 轴和 y 轴的标签，就像下面这样：

```
plot(xs,ys,
    main="示例图",
    xlab="x 坐标值",
    ylab="y 坐标值"
    )
```

新的标签如图 A-5 所示。

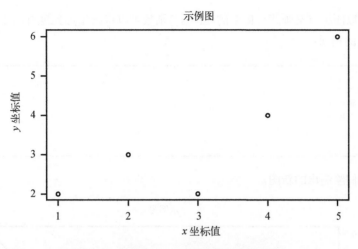

图 A-5 使用 plot()函数改变标题和标签

我们还可以用 type 参数来改变绘图的类型。前面生成的是**点图**（point plot）。但如果想绘制折线图，即通过图上的每个点画折线，则可以将 type 设置为"l"：

```
plot(xs,ys,
    type="l",
    main="示例图",
    xlab="x 坐标值",
    ylab="y 坐标值"
    )
```

新绘制的图如图 A-6 所示。

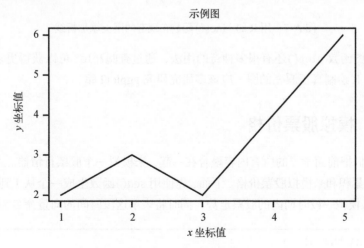

图 A-6 用 R 的 plot()函数绘制的折线图

此外，还可以既画点又画线。R 中的 lines()函数可以将线添加到现有的图中，它需要的参数与 plot()函数的相同：

```
plot(xs,ys,
    main="示例图",
    xlab="x 坐标值",
    ylab="y 坐标值"
    )
lines(xs,ys)
```

图 A-7 显示了我们绘制出的新图。

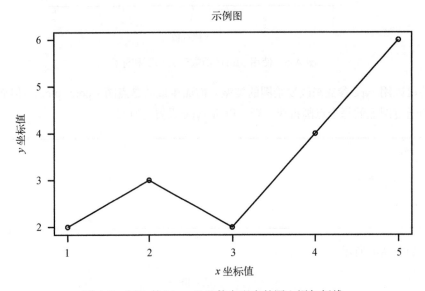

图 A-7　用 R 的 lines()函数在现有的图上添加折线

R 的基本绘图函数 plot()还有很多神奇的用法，通过查阅?plot 可以获得更多相关信息。然而，如果想利用 R 绘制真正漂亮的图，应该多研究研究 ggplot2 库。

A.8　练习：模拟股票价格

现在，让我们把前面学习的所有内容融合在一起，来模拟一个股票行情器。人们通常使用正态分布随机值的累积和来模拟股票价格。下面，先使用 seq()函数生成一个从 1 到 20 的数值序列（每次增量 1）来模拟一段时期内的股票走势，同时将表示这段时间的向量命名为 t.vals。

```
t.vals <- seq(1,20,by=1)
```

现在 t.vals 是一个数值序列向量，包含从 1 到 20 的整数，每次增量 1。接下来，将通过对 t.vals 中每个时间点对应的正态分布值累积和来生成一些模拟价格。为此，我们将使用 rnorm() 函数随机抽样 t.vals 的长度，然后再使用 cumsum() 函数来计算这个向量的累积和。这样就能够通过随机数的大小来表示股票价格的上涨或下跌，而且微跌微涨要比大跌大涨更常见。

```
price.vals <- cumsum(rnorm(length(t.vals),mean=5,sd=10))
```

最后，将所有这些值画出来，看看它们是如何变化的。我们将使用 plot() 函数和 lines() 函数来绘图，并根据坐标轴所表示的内容进行标注。

```
plot(t.vals,price.vals,
    main="模拟股票价格",
    xlab="时间",
    ylab="价格")
lines(t.vals,price.vals)
```

plot() 函数和 lines() 函数生成的图如图 A-8 所示。

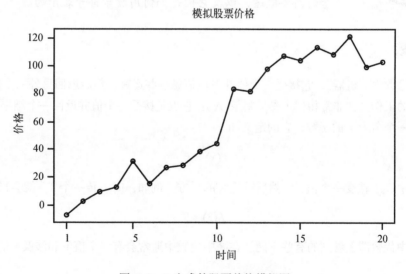

图 A-8　R 生成的股票价格模拟图

A.9　小结

附录 A 包含了足够多的 R 语言内容，这足以让你理解本书的所有示例。建议你跟着书中的章节学习，并通过修改代码示例来掌握更多的内容。如果你想进一步实验，R 也提供了一些很好的在线帮助文档。

附录 B

必要的微积分知识

在本书中，尽管实际上并不要求手动计算微积分，但偶尔我们的确会用到微积分的思想。因此，我们需要了解一些微积分的基础知识，比如导数和积分，特别是积分。本附录并没有打算深入讲解这些概念，也不会教你如何求解这些问题；相反，它只提供这些概念的简要概述，以及它们是如何用数学符号表示的。

B.1 函数

函数就像数学"机器"，它接受一个值并对该值做一些运算，然后返回另外一个值。这与 R 语言中函数的工作方式非常相似（参见附录 A）：它也是接受一个值并返回一个结果。例如在微积分中，有一个名为 f 的函数，它的定义如下：

$$f(x) = x^2$$

在这个例子中，f 接受一个值 x，然后计算它的平方。例如，向 f 传一个 3，就会得到：

$$f(3) = 9$$

这和你在高中代数课上看到的有些不同。在高中代数中通常会有一个值 y 和涉及 x 的方程：

$$y = x^2$$

函数之所以重要，是因为它让我们能够抽象出正在做的实际计算。这意味着我们可以用 $y = f(x)$ 这样的表述，把重点放在函数本身的抽象行为上，而不用在意它是怎么定义的。这也是本附录采用的方式。

举个例子，假设你要跑 5 千米进行训练，并使用智能手表来记录训练的距离、速度、时间等信息。你今天出去跑了半小时，但是智能手表发生了故障，在你跑步的整个过程中只记录了你的速度（以千米/小时为单位）。图 B-1 显示了你能够得到的数据。

　　你可以认为跑步速度是一个函数 s，它需要一个参数 t，即以小时为单位的时间。函数通常用它所接受的参数来表示，所以我们将这个函数写为 $s(t)$，其结果是一个表示 t 时刻跑步速度的值。你可以把函数 s 看作一个机器，它接受当前时间并返回你在该时间的速度。在微积分中，通常会给出 $s(t)$ 的具体定义，如 $s(t) = t^2 + 3t + 2$，但在这里我们只讨论一般的概念，所以不涉及 s 的确切定义。

注意：在本书中，我们将使用 R 来处理所有的微积分计算，所以真正重要的是理解它背后的基本思想，而不是求解微积分问题的方法和技巧。

　　仅从这个函数，我们就可以了解到以下信息。很明显，在这次训练中，你的速度不太均匀：在接近终点的时候，你的速度达到最大值，即 8 千米/小时；而在开始训练后不久，你的速度还不到 4.5 千米/小时。

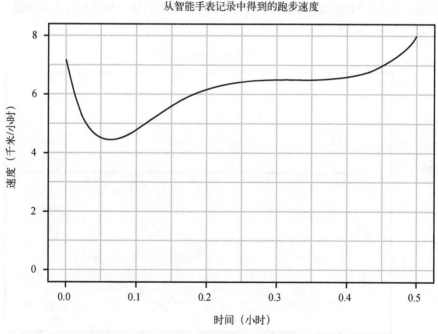

从智能手表记录中得到的跑步速度

图 B-1　整个训练过程中的跑步速度

然而，你可能仍然想回答很多有趣的问题，例如：

❑ 你跑了多远？

- ❑ 什么时候你的速度下降得最快?
- ❑ 什么时候你的速度最快?
- ❑ 哪段时间你跑步的速度相对稳定?

根据图 B-1,可以对最后一个问题做出比较准确的估计,但是根据我们所掌握的情况,其他问题似乎无法回答。不过事实表明,掌握了微积分,所有这些问题我们都可以回答。下面来看看怎样做。

B.1.1   准确算出跑了多远

到现在为止,图 B-1 只显示了你在某个特定时间的跑步速度,那么如何计算你跑了多远呢?

从理论上来说这并不太困难。假设你在整个跑步过程中一直保持 5 千米/小时的速度,在这种情况下跑了 0.5 小时,那么你跑步的总距离就是 2.5 千米。从直觉上来说这是有道理的,因为每小时你可以跑 5 千米,但现在你只跑了半小时,所以你跑的距离是 5 千米的一半。

但问题是,几乎每时每刻你的跑步速度都不相同。让我们换个角度来看这个问题。图 B-2 显示了跑步速度不变时的数据。

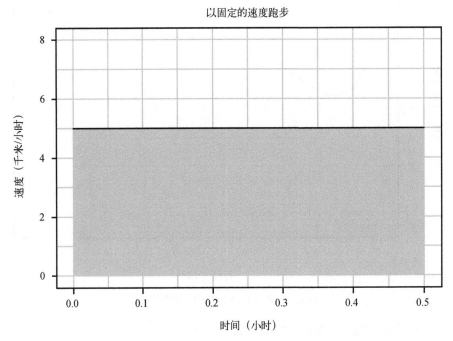

图 B-2   将距离可视化为速度–时间的面积

可以看到，速度数据在图中是一条直线。如果看一下这条线下面的空间，我们会发现这是一个很大的矩形，实际上它代表的是你所跑的距离。这个矩形高 5 个单位，长 0.5 个单位，所以它的面积是 $5 \times 0.5 = 2.5$ ，这样就得到了 2.5 千米这一结果。

现在让我们来看一个简化版的跑步速度问题。假设从开始到 0.3 小时这一段时间，你的跑步速度是 4.5 千米/小时，从 0.3 小时到 0.4 小时是 6 千米/小时，剩下的时间是 3 千米/小时。如果将这些情况可视化为矩形，如图 B-3 所示，我们就可以用同样的方法解决这个问题。

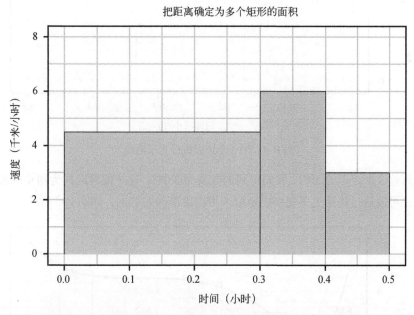

图 B-3　通过将矩形的面积相加，可以轻松计算出你跑步的距离

第一个矩形的面积是 4.5×0.3，第二个是 6×0.1，第三个则是 3×0.1，因此有：

$$4.5 \times 0.3 + 6 \times 0.1 + 3 \times 0.1 = 2.25$$

通过计算矩形的面积，我们得到了跑步距离：2.25 千米。

B.1.2　计算曲线下面积：积分

你已经看到，可以通过计算直线下的面积得出你跑了多远。不幸的是，原始速度数据构成的是曲线，这使得我们的问题有些难：如何计算曲线下的面积呢？

我们可以通过想象一些与曲线形态相当接近的大矩形来开始这一计算过程。假设从 3 个矩形开始，如图 B-4 所示，这样估算出的跑步距离并不太糟。

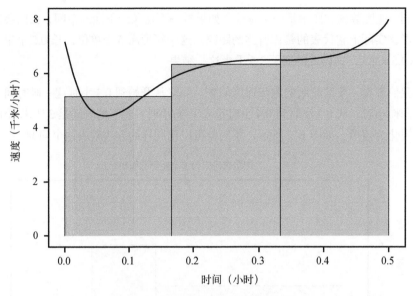

图 B-4　用 3 个矩形近似表示曲线

　　通过计算这 3 个矩形的面积，我们得到的数值为 3.055，这个值可以作为跑步距离的估算值。但显然我们还可以通过构建更多更细的矩形来得出更准确的结果，如图 B-5 所示。

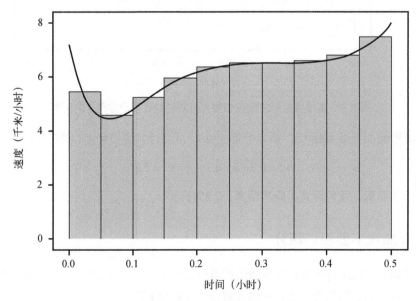

图 B-5　用 10 个而不是 3 个矩形以更好地近似表示曲线

　　将这些矩形的面积相加，所得的值为 3.054，这个值比原来的估计值更准确。

如果一直重复这一过程，使用更多更细的矩形，最终就能计算出总的曲线下面积，如图 B-6 所示。

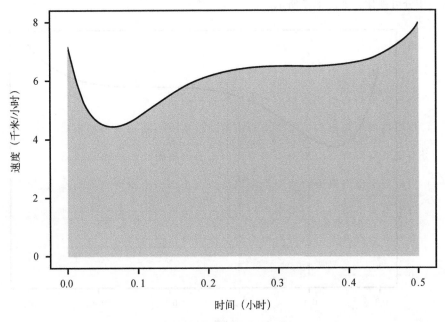

图 B-6　完整的曲线下面积

这个面积代表了你在半小时内所跑的确切距离。如果把无限多个细矩形的面积加起来，会得到 3.053 千米的总长度。我们的估计值相当接近准确值，而且随着所用的矩形越来越多、越来越细，我们的估计值就越来越接近。微积分，准确地说是积分，其威力就在于可以准确地计算出曲线下面积。在微积分中，我们会用如下的数学符号来表示 $s(t)$ 从 0 到 0.5 的积分：

$$\int_0^{0.5} s(t)\mathrm{d}t$$

这里的 $\int$ 只是一个拉伸后的 S，意思是 $s(t)$ 中所有矩形的面积之和。$\mathrm{d}t$ 符号则提醒我们所谈论的是变量 t 很小的变化；d 是表示这些矩形的一种数学方法。当然，在这个符号中只有一个变量 t，所以我们不会混淆。而且，在本书中通常会删除 $\mathrm{d}t$（或变量中所使用的相应值），因为即使在示例中不写，我们也可以明白。

在上面的数学符号中，我们还设置了积分的起点和终点，这就意味着我们不仅可以求出总的跑步距离，还可以求出其中的一段距离。假设想知道你在 0.1 小时到 0.2 小时跑了多远，可以这样表示：

$$\int_{0.1}^{0.2} s(t)\mathrm{d}t$$

可以将这一积分可视化，如图 B-7 所示。

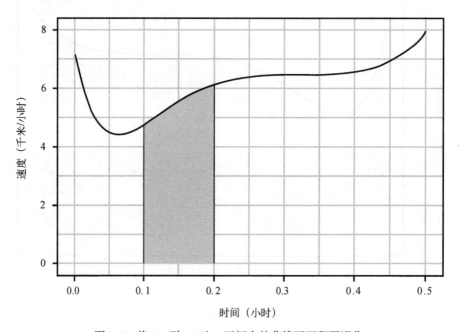

图 B-7   将 0.1 到 0.2 这一区间内的曲线下面积可视化

这个阴影区域的面积是 0.556。

我们甚至可以把函数的积分看作另外一个函数。假设我们定义了一个新的函数 dist(T)，其中的 T 是"总的跑步时间"：

$$\mathrm{dist}(T) = \int_{0}^{T} s(t)\mathrm{d}t$$

这是一个新函数，它可以告诉我们到 T 时刻为止你的跑步距离。我们也可以看到为什么要使用 $\mathrm{d}t$，因为积分是应用于小写的参数 t 而并非大写的参数 T。图 B-8 绘制出了整个跑步过程中在任意给定时间 T 你所跑的总距离。

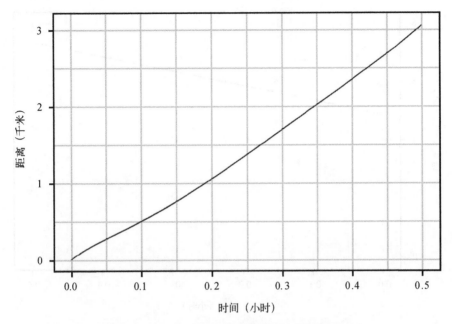

图 B-8 积分将时间–速度图转换为时间–距离图

这样一来，积分就把函数 s 即"某一时间的速度"，转化为函数 dist(T) 即"某一段时间的跑步距离"。如前所述，函数在两点之间的积分代表了从一个时间点到另一个时间点所跑的距离。现在，函数 dist(T) 计算的是从起始时间 0 到任意给定时间 t 所跑的距离。

积分很重要，因为它允许我们计算曲线下面积。这比计算直线下的面积要麻烦得多。在本书中，我们会使用积分的概念去计算某个事件在两个数值范围之间的概率。

B.1.3 度量变化率：导数

你已经看到，当只记录你在不同时间的跑步速度时，怎样通过积分计算跑步距离。既然知道了你在不同时间的跑步速度，我们也可能有兴趣计算你在不同时间的速度变化率。当谈论速度的变化率时，我们指的是加速度。在图表中，关于变化率有几个有趣的时间点：速度下降最快的时间点、速度变快最多的时间点，以及速度最稳定的时间点（变化率接近于 0）。

就像之前解释积分一样，计算加速度的主要挑战在于它似乎总是在变。如果它有一个固定的变化率，那么计算加速度就不那么难了，如图 B-9 所示。

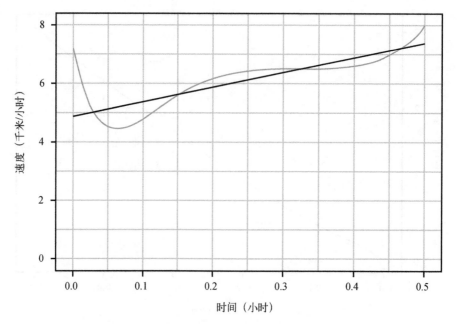

图 B-9   可视化固定的变化率（与实际变化率相比）

你可能还记得，在基础代数中，我们可以用下面的方程来画任何一条直线：

$$y = mx + b$$

其中 b 是直线与 y 轴的交点，m 则是直线的斜率。斜率表示的是直线的变化率。图 B-9 中的直线对应的完整方程是：

$$y = 5x + 4.8$$

斜率 5 意味着 x 每增加 1，y 就会增加 5；4.8 是直线与 y 轴的交点。具体到这个例子，我们把这个方程解释为 $s(t) = 5t + 4.8$，这意味着你每跑一小时，速度就会加快 5 千米/小时，你的起步速度则是 4.8 千米/小时。既然你已经跑了半小时，利用这个简单的方程，可以得到：

$$s(t) = 5 \times 0.5 + 4.8 = 7.3$$

这意味着在跑步结束时，你的速度是 7.3 千米/小时。只要加速度保持不变，用同样的方法，就可以计算出跑步过程中你在任意时间点的准确速度。

具体到实际的数据，由于相应图示是曲线，因此不容易确定单一时间点的斜率。不过，我们可以计算出曲线各部分的斜率。如果把数据分成 3 个部分，那么我们可以画出每个部分的斜率，如图 B-10 所示。

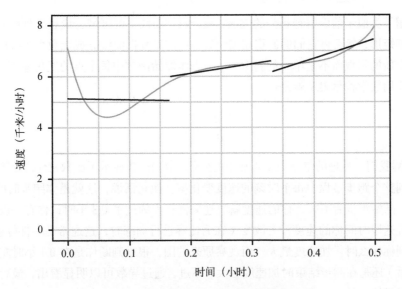

图 B-10　使用多个斜率来更好地估算变化率

　　显然，这些直线与速度曲线并不完全相符，但我们可以看到你加速最多、减速最多以及保持速度相对稳定的时间段。

　　如果将函数曲线分成更多段，就可以得到更好的估计结果，如图 B-11 所示。

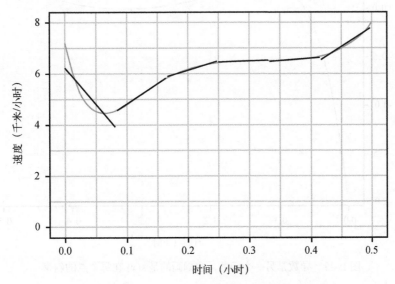

图 B-11　更多的斜率可以让我们更准确地表示曲线

　　这里使用了类似于前面解释积分的方法：积分时把曲线下的区域分成越来越细的矩形，直到包含无数个细矩形，然后将它们的面积相加；只不过这里是把曲线分成无数个小线段。最终，我们得到了一个新的函数而不是单一的斜率 m，来表示原始函数中每个点的变化率。这被称为**导数**（derivative），用数学符号表示就是：

$$\frac{\mathrm{d}}{\mathrm{d}x}f(x)$$

这里的 $\mathrm{d}x$ 提醒我们，处理的是参数 x 非常小的变化。图 B-12 显示了函数 $s(t)$ 的导数曲线，它使我们能够看到整个跑步过程中每个时刻的速度变化率。换句话说，这就是你跑步时的加速度图。结合 y 轴看，开始跑步后不久，你的速度就急速变慢；大约过了 0.3 小时，你有一段 0 加速的时期，也就是说这段时间你的速度没有改变（在为比赛进行训练时，这通常是一件好事情）。还可以明确地看到你什么时候加速度最大。而观察原来的图，很难判断你是在 0.1 小时左右（也就是第一次加速后）还是在跑步结束时加速度更大。不过，通过导数可以明显看出，最后爆发的速度要比开始的时候快。

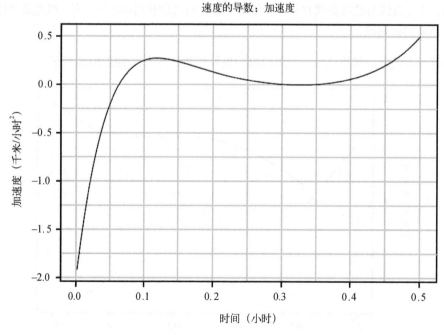

图 B-12　导数是另一个函数，它刻画的是 $s(x)$ 在每个点的斜率

　　导数的作用就像直线的斜率一样，它告诉我们一条曲线在某一点上的斜率是多少。

B.2　微积分基本定理

来看最后一个真正了不起的微积分概念。积分和导数之间有着非常有趣的关系（证明这种关系远远超出了本书的范围，所以这里只关注这种关系本身）。假设有一个函数 $F(x)$，这里的 F 大写。这个函数的特殊之处在于它的导数是 $f(x)$。例如，距离函数 dist 的导数就是函数 s；也就是说，每个时间点上的距离变化就是速度。而速度的导数则是加速度。在数学上可以这样表示：

$$\frac{\mathrm{d}}{\mathrm{d}x}F(x) = f(x)$$

在微积分中，我们称 F 为 f 的原函数，因为 f 是 F 的导数。具体到这个例子中，加速度的原函数是速度，而速度的原函数是距离。现在假设对函数 f，我们想在 10 和 50 之间对其积分，也就是要计算：

$$\int_{10}^{50} f(x)\mathrm{d}x$$

这可以直接用 $F(50)$ 减去 $F(10)$ 来表示，因为下式成立：

$$\int_{10}^{50} f(x)\mathrm{d}x = F(50) - F(10)$$

积分和导数之间的关系被称为**微积分基本定理**（fundamental theorem of calculus）。这是一个相当神奇的工具，因为它允许用数学方法来解决积分问题，这往往要比求导困难得多。如果能找到待积分函数的原函数，就能利用微积分基本定理直接进行积分。找出原函数是手动计算积分的重点。

一门（或者两门）完整的微积分课程通常会更深入地讨论积分和导数这两个主题。不过前文提到过，本书只会偶尔用到微积分思想，而且所有的积分计算都会用 R 语言完成。虽然如此，对微积分和像 ∫ 这样的符号有一个大概的了解对阅读本书还是很有帮助的。

附录 C

练习答案

　　在这里，你可以找到所有的习题及其答案。一些习题可以有多种解答方法。对这些习题，我们提供了至少一种解题方法。

第一部分　概率导论

第 1 章　贝叶斯思维和日常推理

Q1. 使用本章介绍的数学符号，将下列表述改写为数学表达式：

　　❑ 下雨的概率较小；
　　❑ 在阴天，下雨的概率较大；
　　❑ 下雨时，你带伞的概率要远远大于通常情况下带伞的概率。

A1.　$P(下雨)=较小$

　　　$P(下雨 \mid 阴天)=较大$

　　　$P(带伞 \mid 下雨) \gg P(带伞)$

Q2. 使用本章介绍的方法，将你在下述场景中观察到的数据整理为数学表达式，然后提出假设来解释这些数据：

　　　你下班回到家，看到正门是开着的且侧窗坏了。走进门后，你很快发现自己的笔记本计算机不见了。

A2. 首先需要用一个变量来描述数据：

$$D = 门开着，窗户玻璃碎了，笔记本计算机丢了$$

这条数据代表了你回到家后观察到的 3 个事实。面对这样的情况，一个直接的解释就是你家被盗了，用数学的方式表达就是：

$$H_1 = 你家被盗了$$

现在它可以表示为"假设你家被盗了，看到这 3 个事实发生的概率"，即 $P(D|H_1)$。

Q3. 下述场景在第 2 题的基础上增加了一些数据。使用本章介绍的数学符号演示这些新信息如何改变你的信念，并提出第 2 个假设来解释这些数据。

　　邻居家的孩子跑过来向你道歉，他不小心将石头扔到你家的窗户上，打碎了玻璃。同时他还说，他看见了你的笔记本计算机，因为不想让它被偷，所以他打开正门将它拿回了家。现在你的笔记本计算机在他家，很安全。

A3. 根据观察到的新情况，你形成了新的假设：

$$H_2 = 小孩意外打碎你家窗户玻璃并将笔记本计算机拿去保管$$

用概率表示，即 $P(D|H_2) \gg P(D|H_1)$。

而且预计：

$$\frac{P(D|H_2)}{P(D|H_1)} = 较大数值$$

当然，你也可能会认为这个孩子不值得信任，而且经常惹是生非，这可能会改变你对他的说辞有多大可能性的想法，并导致你假设是他偷了你的东西！随着学习的深入，你将学到更多关于如何从数学上反映这种情况的知识。

第 2 章　度量不确定性

Q1. 掷 2 个有 6 面的骰子，所得到的点数之和大于 7 的概率是多少？

A1. 掷 2 个有 6 面的骰子，可能会产生 36 种结果（如果认为掷出 1 和 6 不同于 6 和 1 的话）。你可以将所有这些结果在纸上列出（或者用代码来实现，这样会更快），在 36 种结果中有 15 种结果的点数之和大于 7，因此所求的概率等于 $\frac{15}{36}$。

Q2. 掷 3 个有 6 面的骰子，所得到的点数之和大于 7 的概率又是多少？

A2. 掷 3 个有 6 面的骰子，可能会产生 216 种结果。你可以在一张纸上列出所有这些结果。这个方法虽没有问题但可能会花费不少时间。从这里就可以看出为什么学习基础的代码知识很有帮助，因为你可以写各种程序（甚至是有些混乱的程序）来解决这个问题。例如，这里可以通过 R 语言中的一组简单的 for 循环找到答案。

```
count <- 0
for(roll1 in c(1:6)){
  for(roll2 in c(1:6)){
    for(roll3 in c(1:6)){
      count <- count + ifelse(roll1+roll2+roll3 > 7,1,0)
    }
  }
}
```

你可以看到计数结果是 181，所以掷得的点数之和大于 7 的概率是 $\frac{181}{216}$。然而，如前文所述，有很多方法可以计算出结果。还有一个方案是用下面这行 R 代码（比较难读懂！），它的作用和 for 循环一样：

```
sum(apply(expand.grid(c(1:6),c(1:6),c(1:6)),1,sum) > 7)
```

在学习代码的时候，你应该把重点放在得到正确的答案上，而不是使用特定的方法得出答案。

Q3. 纽约洋基队与波士顿红袜队这两支职业棒球队正在比赛。你是波士顿红袜队的铁杆粉丝，并和朋友打赌他们会赢。如果波士顿红袜队输了，你会给朋友 30 美元；而如果他们赢了，朋友则给你 5 美元。请问，直觉上你认为波士顿红袜队会赢的概率有多大？

A3. 从题目中，可以看出你赌波士顿红袜队赢的胜算率是：

$$O(波士顿红袜队赢) = \frac{30}{5} = 6$$

回想一下将胜算率转化为概率的公式，可以计算出你认为波士顿红袜队会赢的概率是：

$$P(波士顿红袜队赢) = \frac{O(波士顿红袜队赢)}{1+O(波士顿红袜队赢)} = \frac{6}{7}$$

因此，根据你所给出的胜算率，可以计算出你认为波士顿红袜队赢的概率约为 86%。

第 3 章　不确定性的逻辑

Q1. 用有 20 面的均匀骰子连续 3 次掷出 20 点的概率是多少？

A1. 掷出一次 20 点的概率是 $\frac{1}{20}$。要计算连续 3 次掷出 20 点的概率，需要使用乘法法则。

$$P(连续3次掷出20点) = \frac{1}{20} \times \frac{1}{20} \times \frac{1}{20} = \frac{1}{8000}$$

Q2. 天气预报说明天有 10% 的概率会下雨，并且你平常出门会有一半的时间忘记带伞。请问明天你忘记带伞而被雨淋的概率是多少？

A2. 这里同样可以用乘法法则来解决这个问题。已知 $P(下雨) = 0.1$，$P(忘记带伞) = 0.5$，因此：

$$P(下雨, 忘记带伞) = P(下雨) \times P(忘记带伞) = 0.05$$

可以看到，只有 5% 的概率你会因忘记带伞而被雨淋。

Q3. 生鸡蛋被沙门氏菌污染的概率是 $\frac{1}{20\,000}$。如果你吃了两个生鸡蛋，那么其中一个有沙门氏菌的概率是多少？

A3. 对这个问题，需要使用加法法则，因为只要任意一个鸡蛋感染了沙门氏菌，都符合要求：

$$P(鸡蛋1感染) + P(鸡蛋2感染) - P(鸡蛋1感染) \times P(鸡蛋2感染)$$
$$= \frac{1}{20\,000} + \frac{1}{20\,000} - \frac{1}{20\,000} \times \frac{1}{20\,000} = \frac{39\,999}{400\,000\,000}$$

这个值要比 $\frac{1}{10\,000}$ 稍微小一点。

Q4. 在两次掷硬币实验中都出现正面或在 3 次掷骰子实验中都掷出 6 点的概率是多少？

A4. 解决这个问题，需要同时使用乘法法则和加法法则。首先，要单独计算出 $P(两次出现正面)$ 和 $P(3 次掷出 6 点)$，计算这两个概率值时需要使用乘法法则：

$$P(两次出现正面) = \frac{1}{2} \times \frac{1}{2} = \frac{1}{4}$$

$$P(3 次掷出 6 点) = \frac{1}{6} \times \frac{1}{6} \times \frac{1}{6} = \frac{1}{216}$$

然后，使用加法法则来计算其中任意一个事件发生的概率：

P(两次出现正面 OR 3次掷出6点)

$\quad = P$(两次出现正面)$+ P$(3次掷出6点)$- P$(两次出现正面)$\times P$(3次掷出6点)

$\quad = \dfrac{1}{4} + \dfrac{1}{216} - \dfrac{1}{4} \times \dfrac{1}{216} = \dfrac{73}{288}$

这个概率值要比 25% 稍微大一些。

第 4 章   创建二项分布

Q1. 如果我们掷一个 20 面的骰子 12 次，掷出 1 点或 20 点的概率服从二项分布，请问此二项分布的参数是多少？

A1. 我们希望在 12 次实验中事件能够发生 1 次，所以 $n=12$，$k=1$。由于骰子有 20 面，而我们只关注其中的两面，即 1 点或 20 点，因此 $p=\dfrac{2}{20}=\dfrac{1}{10}$。

Q2. 一副牌除大王和小王外有 52 张，其中有 4 张 A。如果抽出一张牌，把牌放回去后重新洗牌，再抽出一张牌，这样抽牌 5 次，只抽出一张 A 的方法有多少种？

A2. 甚至不需要组合学的知识就可以解决这个问题。如果用 x 代表其他任何牌，那么共有下面 5 种可能的方法：

$$Axxxx、xAxxx、xxAxx、xxxAx、xxxxA$$

它可以表示为 $\dbinom{5}{1}$。或者也可以在 R 语言中用 choose(5,1) 函数来计算。无论用哪种方法，答案都是 5。

Q3. 还是第 2 题的例子，如果抽牌 10 次，抽出 5 张 A 的概率是多少（记住，抽出一张牌后，你要将这张牌放回去，再重新洗牌）？

A3. 答案是 $B\left(5;10,\dfrac{1}{13}\right)$。

正如预期的那样，这个概率十分小，大约是 $\dfrac{1}{2200}$。

Q4. 当你在寻找一份新工作时，手上有多份录用函是很有帮助的，这样你就可以用它们进行谈判。如果你面试时有 $\frac{1}{5}$ 的概率会收到录用函，一个月内你面试了 7 家公司，那么到这个月结束时，你至少拿到 2 份录用函的概率是多少？

A4. 可以通过下面的 R 代码计算本题的答案：

```
> pbinom(1,7,1/5,lower.tail = FALSE)
 0.4232832
```

可以看出，如果你参加 7 家公司的面试，将有约 42% 的机会拿到 2 份或更多的录用函。

Q5. 你收到一堆招聘邮件，发现在未来一个月内将有 25 个面试机会。不幸的是，你知道这会让你筋疲力尽，而如果你累了，那么得到录用的概率会降到 $\frac{1}{10}$。你真的不想参加这么多的面试，除非你最少有 2 倍的机会拿到至少 2 份录用函。是去参加 25 次面试，还是坚持只参加 7 次面试？哪个更有可能让你至少拿到 2 份录用函？

A5. 还是通过写 R 代码来解决问题：

```
p.two.or.more.7 <- pbinom(1, 7, 1/5, lower.tail = FALSE)
p.two.or.more.25 <- pbinom(1, 25, 1/10, lower.tail = FALSE)
```

即使被录用的概率降低了，你参加 25 次面试获得至少 2 次录用机会的概率也有 73%。然而，只有当这个概率是原来的 2 倍时，你才会选择参加 25 次面试。

通过 R 语言可以清楚地看出：

```
> p.two.or.more.25/p.two.or.more.7
[1] 1.721765
```

得到至少 2 次录用机会的概率大约只有原来的 1.72 倍，所以这样劳累并不值得。

第 5 章　β 分布

Q1. 你想用 β 分布来判断自己拥有的一枚硬币是否是一枚均匀的硬币，也就是说，这枚硬币出现正面和反面的机会一样。掷这枚硬币 10 次，出现正面 4 次，反面 6 次。利用 β 分布，计算这枚硬币在 60% 以上的情况下出现正面的概率。

A1. 可以将这个问题建模为 Beta(4, 6)。为计算从 0.6 到 1 的积分，可以在 R 语言中调用下面的函数：

```
integrate(function(x) dbeta(x,4,6),0.6,1)
```

答案显示，这枚硬币在 60% 以上的时间里出现正面的概率只有大约 10%。

Q2. 你继续掷这枚硬币 10 次，现在共出现正面 9 次，反面 11 次。根据我们对"均匀"一词的定义，在误差不超过 5% 的情况下，请问这枚硬币均匀的概率是多少？

A2. 现在 β 分布变成了 Beta(9, 11)。问题是想知道这枚硬币均匀的概率，"均匀"的意思是说出现正面的机会是 0.5，误差范围不超过 0.05。这就是说，需要在 0.45 和 0.55 之间对新分布进行积分。可以通过下面这行 R 代码实现：

```
integrate(function(x) dbeta(x,9,11),0.45,0.55)
```

现在根据新的数据，这枚硬币有 30% 的概率是均匀的。

Q3. 用数据证明是让你对自己的论断更有信心的最佳方法。你继续抛掷这枚硬币 200 次，最终出现 109 次正面，111 次反面。还是在误差不超过 5% 的情况下，请问这枚硬币均匀的概率是多少？

A3. 有了解答上一道题的经验，这一题的答案很简单：

```
integrate(function(x) dbeta(x,109,111),0.45,0.55)
```

我们现在有 86% 的把握认为这枚硬币是均匀的。请注意，我们变得更加确定的关键是获得了更多的数据。

第二部分　贝叶斯概率和先验概率

第 6 章　条件概率

Q1. 还需要什么信息才能够通过贝叶斯定理确定 2010 年患 GBS 的人群也接种了流感疫苗的概率？

A1. 我们想知道的是 $P(\text{接种流感疫苗} \mid \text{患上GBS})$。如果能够获得下面的所有数据，我们就能够通过贝叶斯定理计算出这一概率：

$$P(\text{接种流感疫苗} \mid \text{患上GBS}) = \frac{P(\text{接种流感疫苗}) \times P(\text{患上GBS} \mid \text{接种流感疫苗})}{P(\text{患上GBS})}$$

以上所有数据中，唯一不知道的是人们接种流感疫苗的概率。你可以从美国疾病控制与预防中心或其他国家数据收集服务机构获得这一信息。

Q2. 从人群中随机选择一个人，这个人是女性且非色盲的概率有多大？

A2. 已知 $P(女性) = 0.5$，$P(色盲 | 女性) = 0.005$，而女性中非色盲的概率是 $1 - P(色盲 | 女性) = 0.995$。因此，题干所求的女性且非色盲的概率如下所示。

$$P(女性, 非色盲) = P(女性) \times P(非色盲 | 女性) = 0.5 \times 0.995 = 0.4975$$

Q3. 一名男性在 2010 年接种了流感疫苗，他是色盲或患有 GBS 的概率有多大？

A3. 这个问题初看起来可能很复杂，但其实可以将它简化。先从两个条件概率开始，即如果某人是男性那么他是色盲的概率，以及在接种了流感疫苗的情况下患上 GBS 的概率。请注意，这里简化了问题，因为性别与 GBS 无关（就这里所关注的而言），而且接种流感疫苗对色盲也没有影响。把以上两种情况的单独概率写下来：

$$P(A) = P(色盲 | 男性)$$
$$P(B) = P(患上GBS | 接种流感疫苗)$$

幸运的是，本章已经求出了这两个概率：$P(A) = \dfrac{8}{100}$，$P(B) = \dfrac{3}{100\ 000}$。

现在可以利用加法法则直接求解：

$$P(A\ OR\ B) = P(A) + P(B) - P(A) \times P(B | A)$$

据前文所知，是否色盲与是否患有 GBS 无关，因此这里有 $P(B | A) = P(B)$。将具体的数值代入，所得的答案为 $\dfrac{800\ 276}{10\ 000\ 000}$，也就是 0.080 027 6。这个概率只比男性色盲的概率大一点，因为患上 GBS 的概率很小。

第 7 章　贝叶斯定理和乐高积木

Q1. 堪萨斯城虽然听上去像美国堪萨斯州的城市，但它实际上位于密苏里州和堪萨斯州的交界处。它的都市区由 15 个县组成，其中 9 个县在密苏里州，6 个县在堪萨斯州。整个堪萨斯州有 105 个县，密苏里州有 114 个县。假设你有一个亲戚刚搬到堪萨斯城都市区某县，请用贝叶斯定理计算他（她）住在堪萨斯州的概率。在计算中必须使用 $P(堪萨斯州)$、$P(堪萨斯城都市区)$，以及 $P(堪萨斯城都市区 | 堪萨斯州)$ 等。

A1. 很明显，堪萨斯城都市区有 15 个县，其中 6 个在堪萨斯州，所以如果你知道某个人住在堪萨斯城都市区，那么他住在堪萨斯州的概率应该等于 $\frac{6}{15}$，也就是 $\frac{2}{5}$。然而，我们做这道题不仅仅是为了得出答案，同时是为了验证贝叶斯定理可以解决这类问题。当遇到更难的问题时，相信贝叶斯定理能够帮助我们解决问题是很有帮助的。

为了求出 P(堪萨斯州|堪萨斯城都市区)，可以利用贝叶斯定理：

$$P(堪萨斯州|堪萨斯城都市区) = \frac{P(堪萨斯城都市区|堪萨斯州) \times P(堪萨斯州)}{P(堪萨斯城都市区)}$$

从题干中可以知道，堪萨斯州共有 105 个县，其中 6 个位于堪萨斯城都市区，因此：

$$P(堪萨斯城都市区|堪萨斯州) = \frac{6}{105}$$

密苏里州和堪萨斯州共有 219 个县，其中堪萨斯州有 105 个县，因此：

$$P(堪萨斯州) = \frac{105}{219}$$

在这 219 个县中，15 个位于堪萨斯城都市区，所以：

$$P(堪萨斯城都市区) = \frac{15}{219}$$

将所有这些值代入贝叶斯公式，可以得到如下结果。

$$P(堪萨斯州|堪萨斯城都市区) = \frac{\frac{6}{105} \times \frac{105}{219}}{\frac{15}{219}} = \frac{2}{5}$$

Q2. 一副牌有 52 张（除大王和小王外），花色为浅色或黑色，其中有 4 张 A：2 张浅色，2 张黑色。你从这副牌中抽出一张浅色 A 后洗牌，你的朋友接着抽出来一张黑色牌。请问它是 A 的概率有多大？

A2. 和上一道题一样，很容易就可以知道有 26 张黑色扑克牌，其中有 2 张 A。因此，如果朋友抽到一张黑色牌，那么它是 A 的概率等于 $\frac{2}{26}$ 或 $\frac{1}{13}$。不过，我们想继续建立与贝叶斯定理之间的信任，而不是直接走数学捷径。根据贝叶斯定理，有：

$$P(\text{A} \mid \text{黑色牌}) = \frac{P(\text{黑色牌} \mid \text{A}) \times P(\text{A})}{P(\text{黑色牌})}$$

由于从中抽走了 1 张浅色 A，因此现在这副牌还有 51 张，其中有 3 张是 A：2 张黑色的 A，1 张浅色的 A。所以如果知道一张牌是 A，那么它是黑色牌的概率为：

$$P(\text{黑色牌} \mid \text{A}) = \frac{2}{3}$$

这副牌还有 51 张，其中有 3 张是 A，因此抽一张牌是 A 的概率为：

$$P(\text{A}) = \frac{3}{51}$$

最后，已知这剩下的 51 张牌中有 26 张黑色的牌，因此：

$$P(\text{黑色牌}) = \frac{26}{51}$$

现在，我们有足够的信息求解这个问题了，如下所示。

$$P(\text{A} \mid \text{黑色牌}) = \frac{\dfrac{2}{3} \times \dfrac{3}{51}}{\dfrac{26}{51}} = \frac{1}{13}$$

第 8 章　贝叶斯定理的先验概率、似然和后验概率

Q1. 你可能不同意正文中分配给似然的概率：

$$P(\text{窗户玻璃碎了, 前门开着, 笔记本计算机不见了} \mid \text{被盗}) = \frac{3}{10}$$

这在多大程度上可以改变我们相信 H_1 超过 H_2 的程度？

A1. 首先，要记住：

$$P(\text{窗户玻璃碎了, 前门开着, 笔记本计算机不见了} \mid \text{被盗}) = P(D \mid H_1)$$

要想知道它如何改变我们的信念，我们需要做的就是在概率的比值中替换这一部分：

$$\frac{P(H_1) \times P(D \mid H_1)}{P(H_2) \times P(D \mid H_2)}$$

我们已经知道上式中的分母等于 $\dfrac{1}{21\,900\,000}$ 并且 $P(H_1)=\dfrac{1}{1000}$。要想得出答案，只要改变分配给似然的概率 $P(D\,|\,H_1)$：

$$\frac{\dfrac{1}{1000}\times\dfrac{3}{100}}{\dfrac{1}{21\,900\,000}}=657$$

因此，当我们相信似然的概率减小为原来的 $\dfrac{1}{10}$ 时，两个假设概率的比值也会变为原来的 $\dfrac{1}{10}$（不过结果仍然是我们更愿意相信 H_1）。

Q2. 你认为被盗的概率即 H_1 的先验概率有多大，才能使我们同等相信 H_1 和 H_2？

A2. 根据上一题的答案，将 $P(D\,|\,H_1)$ 的概率降为原来的 $\dfrac{1}{10}$，概率的比值也会变为原来的 $\dfrac{1}{10}$。

所以，要想改变 $P(H_1)$，使概率的比值变为 1，这就意味着要使 $P(H_1)$ 变成原来的 $\dfrac{1}{657}$：

$$\frac{\dfrac{1}{1000\times 657}\times\dfrac{3}{100}}{\dfrac{1}{21\,900\,000}}=1$$

所以新的 $P(H_1)$ 需要等于 $\dfrac{1}{657\,000}$。这是一个非常小的概率，它表示几乎不可能被盗。

第 9 章　贝叶斯先验概率和概率分布

Q1. 你的朋友在地上捡到了一枚硬币，抛掷这枚硬币，连续出现 6 次正面，第 7 次才得到了反面。给出描述这一场景的 β 分布。用积分法求这枚硬币均匀的概率，即掷出正面的机会介于 0.4 和 0.6 之间的概率。

A1. 可以用 β 分布来表示题干中描述的场景，其中 $\alpha=6$，$\beta=1$，因为正面出现 6 次而反面仅出现 1 次。在 R 语言中，可以用下面的函数进行积分：

```
> integrate(function(x) dbeta(x,6,1),0.4,0.6)
0.04256 with absolute error < 4.7e-16
```

仅根据似然性，这是均匀硬币的概率约为 4%。我们可以认为它不均匀。

Q2. 计算硬币是均匀的先验概率。利用 β 分布，使出现正面的机会在 0.4 和 0.6 之间的概率至少是 95%。

A2. 任意 $\alpha_{先验} = \beta_{先验}$ 都会带给我们硬币"均匀"的先验信念，而且这两个值越大，这种信念就越强烈。如果这两个值等于 10，我们就会得到：

```
> prior.val <- 10
> integrate(function(x) dbeta(x,6+prior.val,1+prior.val),0.4,0.6)
0.4996537 with absolute error < 5.5e-15
```

当然，这枚硬币只有约 50% 的概率是均匀的。通过反复实验，我们可以找出符合要求的数值。当 $\alpha_{先验} = \beta_{先验} = 55$ 时，我们发现对应的先验概率符合要求。

```
> prior.val <- 55
> integrate(function(x) dbeta(x,6+prior.val,1+prior.val),0.4,0.6)
0.9527469 with absolute error < 1.5e-11
```

Q3. 至少需要再出现多少次正面（反面不再出现）才能让你相信此硬币是不均匀的。这里，假设这意味着我们对硬币出现正面的机会在 0.4 和 0.6 之间的信念降到了 0.5 以下。

A3. 同样，可以通过反复实验来解决这个问题，直到得出可行的答案。需要注意的是，这里先验分布仍然是 Beta(55, 55)。这一次，我们想看看 α 的值需要增加多少，才能使硬币均匀的概率变成 50% 左右。可以看到，再出现 5 次正面，后验概率就会降到 90% 左右：

```
> more.heads <- 5
> integrate(function(x) dbeta(x,6+prior.val+more.heads,1+prior.val),0.4,0.6)
0.9046876 with absolute error < 3.2e-11
```

如果再连续出现 23 次正面，硬币均匀的概率就会变成 50% 左右。这表明，即使先验信念很强烈，也可以利用更多的数据改变它。

第三部分　参数估计

第 10 章　均值法和参数估计介绍

Q1. 出现的误差很可能不会完全像我们想的那样抵消。在华氏温标中，98.6 度是正常体温，100.4 度则是发烧的临界值。假设你在照顾一个孩子，他摸着很烫，似乎是生病了，但你用体温计反复测量，结果都在 99.5 度和 100.0 度之间：温度有些高但不是发烧。你又量了量自己的体温，得到的几个读数都在 97.5 度和 98 度之间。体温计出了什么问题？

A1. 体温计给出的测量结果似乎有偏差，比真实的华氏温度要低 1 度。如果在测量结果的基础上加 1 度，你会发现自己的体温都位于 98.5 度和 99 度之间，这与人的正常体温比较相符。

Q2. 假设你觉得自己很健康，而且一直以来体温都很正常，那么你又如何改变测量的读数 100、99.5、99.6 和 100.2 来判断这个孩子发烧了呢？

A2. 如果测量结果有偏差，就意味着有系统性的错误，因此，再多的采样也无法自行纠正这种错误。为了纠正原来的测量结果，需要在原测量结果的基础上增加 1 度，这样一来，这个孩子应该是发烧了。

第 11 章　度量数据的离散程度

Q1. 方差的一个好处是，求差值的平方会使惩罚指数化。举例说明在什么时候这是一个有用的性质。

A1. 指数惩罚在很多日常情况中非常有用，其中最明显的例子是物理距离。假设有人发明了传送机，可以将你传送到另一个地方去。如果将你传送到离目的地 3 米远的地方，那没有关系；离目的地 3 千米远，可能也没有太大问题；但距离 30 千米可能就会非常危险。在这种情况下，你就希望远离目的地的惩罚随着距离的增加而变得更加严厉。

Q2. 计算以下数据的均值、方差和标准差。

$$1, 2, 3, 4, 5, 6, 7, 8, 9, 10$$

A2. 均值=5.5，方差=8.25，标准差=2.87。

第 12 章　正态分布

关于标准差的说明

R 语言有一个内置函数 sd，可以计算样本标准差，而不是计算本书正文中讨论的标准差。计算样本标准差时，需要除以 n-1 而不是 n。样本标准差在经典统计学中被用来估计给定数据的总体均值。这里，my.sd 函数计算的是本书中使用的标准差：

```
my.sd <- function(val){
  val.mean <- mean(val)
  sqrt(mean((val.mean-val)^2))
}
```

随着数据集的增长，样本标准差和真实标准差之间的差异将变得不再重要。但是对一些小数据量的示例来说，两者之间仍然存在一定的差异。在第 12 章的大部分例子中，我使用了 my.sd 函数；但有时为了方便，我使用了默认的 sd 函数。

Q1.　测量值比均值大 5 西格玛或更多的概率是多少？

A1.　假设题干中的正态分布是均值为 0、标准差为 1 的标准正态分布，通过调用 integrate() 函数就可以计算出相应的概率，积分的下界和上界则分别取 5 和某个相当大的值，比如 100。

```
> integrate(function(x) dnorm(x,mean=0,sd=1),5,100)
2.88167e-07 with absolute error < 5.6e-07
```

Q2.　发烧是指体温高于 100.4 华氏度。根据以下测量结果判断患者发烧的概率是多少。

$$100.0, 99.8, 101.0, 100.5, 99.7$$

A2.　首先计算这组数据的均值和标准差：

```
temp.data <- c(100.0, 99.8, 101.0, 100.5, 99.7)
temp.mean <- mean(temp.data)
temp.sd <- sd(temp.data)
```

然后用 integrate() 函数计算出温度高于 100.4 华氏度的概率：

```
> integrate(function(x) dnorm(x,mean=temp.mean,sd=temp.sd),100.4,200)
0.3402821 with absolute error < 1.1e-08
```

根据上面的计算，患者发烧的概率大概是 34%。

Q3.　假设在第 11 章中，我们通过对硬币下落的时间来测量井深，并得到以下数据：2.5、3.5、4、2。物体下落的距离可以用如下公式计算（以米为单位）：距离 $=\frac{1}{2} \times g \times t^2$，其中 g 为 9.8 米/秒^2，t 为时间。井深超过 500 米的概率是多少？

A3. 首先用 R 来处理题干中给出的时间数据：

```
time.data <- c(2.5, 3, 3.5, 4,2)
time.data.mean <- mean(time.data)
time.data.sd <- my.sd(time.data)
```

接下来，计算下落 500 米需要多长时间，也就是求解下式：

$$\frac{1}{2} \times g \times t^2 = 500$$

如果 g 取 9.8，可以计算出时间 t 大概为 10.1s（你也可以通过在 R 中构建一个函数并通过手动迭代来求解这个值，或者用 Wolfram Alpha 之类的工具求解）。现在只需要对这个正态分布 10.1 以上的部分进行积分：

```
> integrate(function(x)
dnorm(x,mean=time.data.mean,sd=time.data.sd),10.1,200)
2.056582e-24 with absolute error < 4.1e-24
```

所得的概率基本为 0，因此现在可以确定，这口井没有 500 米深。

Q4. 不存在井的可能性有多大（也就是说，井深为 0 米）？给定条件是，你观察到确实有这样一口井。你会发现，这个概率比你预期的要高。有两个理由可以解释这一点。第一，对我们的测量来说，正态分布是一个糟糕的模型；第二，在编造这个例子的数值时，我选择了在现实生活中不会出现的值。你觉得哪种可能性更大？

A4. 这只需要对这一函数从 − 1 到 0 的范围进行积分即可：

```
> integrate(function(x)
dnorm(x,mean=time.data.mean,sd=time.data.sd),-1,0)
1.103754e-05 with absolute error < 1.2e-19
```

没有井的概率很小，但大于 $\frac{1}{100\,000}$。只是你可以看到一口井，它就在你的面前！所以，即使概率很小，它也不是那么接近于 0。那么，应该质疑模型，还是应该质疑数据呢？作为贝叶斯主义者，一般来说我们应该倾向于质疑模型而不是数据。例如，在金融危机期间，股票价格的变动通常是数值非常大的西格玛事件。这意味着正态分布对股票价格变动来说是非常糟糕的模型。然而，在这个例子中，我们没有理由质疑正态分布的假设，事实上，这些数值是我为第 11 章选择的原始数值，但是本书的编辑指出这些值似乎太分散了。

统计分析工作中最伟大的美德之一就是怀疑精神。在实践中，有几次我也得到过很糟糕的数据。尽管模型总是不完美的，但确保你信任自己的数据也同样非常重要。首先应该检验自己对世界的假设是否成立，如果不成立，再去看看是否可以相信自己的模型和数据。

第 13 章 参数估计工具：PDF、CDF 和分位函数

Q1. 参照 13.2.2 节绘制 PDF 的代码示例，绘制出相应的 CDF 和分位函数。

A1. 拿过本章正文中的代码，只需要将 dbeta()替换为 pbeta()，就可以得到相应的图：

```
xs <- seq(0.005,0.01,by=0.00001)
plot(xs,pbeta(xs,300,40000-300),type='l',lwd=3,
    ylab="累积概率",
    xlab="订阅概率",
    main="Beta(300,39 700)分布的 CDF")
```

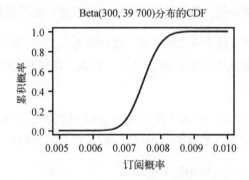

对于分位函数的图，则需要把 xs 改成实际的分位数。

```
xs <- seq(0.001,0.99,by=0.001)
plot(xs, pbeta(xs,300,40000-300),type='l',lwd=3,
    ylab="订阅概率",
    xlab="分位数",
    main="Beta(300,39 700)分布的分位数")
```

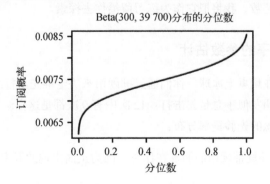

Q2. 回到第 10 章测量降雪量的情境，假设你得到了以下的降雪测量值（单位为英寸）：

7.8, 9.4, 10.0, 7.9, 9.4, 7.0, 7.0, 7.1, 8.9, 7.4

请计算降雪量真实值的 99.9% 置信区间。

A2. 首先计算测量数据的均值和标准差：

```
snow.data <- c(7.8, 9.4, 10.0, 7.9, 9.4, 7.0, 7.0, 7.1, 8.9, 7.4)
snow.mean <- mean(snow.data)
snow.sd <- sd(snow.data)
```

然后用 qnorm() 函数计算 99.9% 置信区间的上界和下界：

❑ 下界为 qnorm(0.0005, mean=snow.mean, sd=snow.sd) = 4.46
❑ 上界为 qnorm(0.9995, mean=snow.mean, sd=snow.sd) = 11.92

这意味着我们非常确信，降雪量不会低于 4.46 英寸，也不会超过 11.92 英寸。

Q3. 一个小女孩正在挨家挨户地卖糖果棒。到目前为止，她已经去了 30 户人家，卖出了 10 根糖果棒，接下来她还要再去 40 户人家。那么，在剩下的时间里她卖出糖果棒数量的 95% 置信区间是多少？

A3. 首先，需要计算她卖出一根糖果棒置信度为 95% 的区间。根据题干所给的数据，可以建立 Beta(10, 20) 的模型，然后使用 qbeta() 函数来计算这些值：

❑ 下界是 qbeta(0.025,10,20) = 0.18
❑ 上界是 qbeta(0.975,10,20) = 0.51

如果还要再去 40 家，预计她会卖出 40×0.18=7.2 到 40×0.51=20.4 根糖果棒。当然，糖果棒的根数只能是整数，所以我们很有信心她能卖出 7 到 20 根糖果棒。

如果你真的想知道得更详细，也可以用 qbinom() 函数来计算她在二项分布左右两个极端处卖出率的分位数。我将把它作为练习留给你去探索。

第 14 章　有先验概率的参数估计

Q1. 假设你和朋友在玩桌上冰球，你们通过掷硬币来决定谁先击打冰球。玩了 12 次后，你发现带硬币的朋友似乎总是先击打：12 次中有 9 次都是这样。你的其他朋友开始怀疑。请定义以下信念的先验概率分布：

❑ 一个人有些怀疑带硬币的朋友在作弊，因为正面出现的概率接近 70%；

□ 一个人坚信硬币是均匀的，因为出现正面的概率是 50%；

□ 一个人坚信硬币不均匀，因为出现正面的概率为 70%。

A1. beta(7, 3)是一个相当弱的先验，代表正面出现的概率接近 70%；

beta(1000, 1000)是一个非常坚定的信念，认为硬币是均匀的；

beta(70, 30)同样是很坚定的信念，认为硬币有 70%的概率偏向正面。

Q2. 为了测试这枚硬币，你又抛掷了 20 次，得到 9 次正面、11 次反面。利用在上一题中给出的先验概率，硬币出现正面的真实后验概率 95%的置信区间是多少？

A2. 现在我们有了更新后的数据集，共有 32 个测量值，其中正面 18 次，反面 14 次。利用 R 语言的 qbeta()函数和 Q1 中的先验，可以得到以下 3 个信念的 95%置信区间。

这里只展示第一个先验 Beta(7, 3)的计算过程，其余两个的计算过程相同。

□ 先验为 Beta(7, 3)时，95%置信区间的下界是 qbeta(0.025, 18+7, 14+3) ≈ 0.445，上界是 qbeta(0.975, 18+7, 14+3) ≈ 0.737。

□ 先验为 Beta(1000, 1000)时，95%置信区间为 0.479~0.523。

□ 先验为 Beta(70, 30)时，95%置信区间为 0.584~0.744。

可以看到，弱先验有最大的可能范围，非常强的先验仍然认为硬币是均匀的，而 70%的强先验仍然倾向于硬币出现正面的真实比例有较大的可能范围。

第四部分　假设检验：统计的核心

第 15 章　从参数估计到假设检验：构建贝叶斯 A/B 测试

Q1. 假设一位有多年营销经验的总监告诉你，他非常确信不含图片的邮件（变体 B）与原始邮件的表现不会有任何不同。你如何用我们的模型说明这一点？执行这一改变，看看你的最终结论会有什么变化。

A1. 可以通过增加先验的强度来说明这一点。例如：

```
prior.alpha <- 300
prior.beta <- 700
```

这需要更多的数据来改变我们的信念。想知道它会如何改变信念，可以重新运行下面的代码：

```
a.samples <- rbeta(n.trials, 36+prior.alpha, 114+prior.beta)
b.samples <- rbeta(n.trials, 50+prior.alpha, 100+prior.beta)
p.b_superior <- sum(b.samples > a.samples)/n.trials
```

现在新 p.b_superior 的值是 0.74，这要比原来的 0.96 小很多。

Q2. 首席设计师看到你的结果，坚持认为变体 B 不可能在没有图片的情况下表现更好。她认为，你应该假设变体 B 的转化率更接近 20%而不是 30%。按她提出的方案执行，并再次回顾我们的分析结果。

A2. 这里不是用一个先验来改变自己的信念，而是要用两个：其中一个代表我们对变体 A 的原始先验，另一个代表首席设计师对变体 B 的信念。这里使用稍微强一些的先验：

```
a.prior.alpha <- 30
a.prior.beta <- 70

b.prior.alpha <- 20
b.prior.beta <- 80
```

运行模拟时，需要使用两个独立的先验：

```
a.samples <- rbeta(n.trials,36+a.prior.alpha,114+a.prior.beta)
b.samples <- rbeta(n.trials,50+b.prior.alpha,100+b.prior.beta)
p.b_superior <- sum(b.samples > a.samples)/n.trials
```

这次 p.b_superior 的值为 0.66，比前面的值还要小，但这仍然表明变体 B 稍微好一些。

Q3. 假设有 95%的把握就意味着你基本“相信”了一个假设，同时假设在测试时你可以发送的邮件数量不再有任何限制。如果变体 A 的真实转化率是 0.25，变体 B 的真实转化率是 0.3，那么需要多少样本才能让营销总监相信变体 B 更优秀？请为下面的 R 代码片段生成转化的样本。

```
true.rate <- 0.25
number.of.samples <- 100
results <- runif(number.of.samples) <= true.rate
```

A3. 以营销总监为例，下面是解决这个问题的基本代码（对首席设计师，则需要增加单独的先验）。你可以在 R 语言中使用 while 循环来迭代这些示例（或者手动改变赋值）。

```
a.true.rate <- 0.25
b.true.rate <- 0.3
prior.alpha <- 300
prior.beta <- 700
```

```
number.of.samples <- 0
#using this as an initial value so that the loop starts
p.b_superior <- -1
while(p.b_superior < 0.95){
  number.of.samples <- number.of.samples + 100
  a.results <- runif(number.of.samples/2) <= a.true.rate
  b.results <- runif(number.of.samples/2) <= b.true.rate
  a.samples <- rbeta(n.trials,
                sum(a.results==TRUE)+prior.alpha,
                sum(a.results==FALSE)+prior.beta)
  b.samples <-  rbeta(n.trials,
                sum(b.results==TRUE)+prior.alpha,
                sum(b.results==FALSE)+prior.beta)
  p.b_superior <- sum(b.samples > a.samples)/n.trials
}
```

需要注意的是，由于这段代码本身就是一个模拟，每次运行都会得到不同的结果，因此要多运行几次（或者构建一个更复杂的示例，让它自动运行多次）。

对营销总监来说，大约需要 1200 个样本才能说服他。首席设计师则大约需要 1000 个样本。请注意，尽管首席设计师认为变体 B 更差，但在示例中她的先验比较弱，所以只需要较少的数据就能改变她的想法。

第 16 章 贝叶斯因子和后验胜率简介：思想的竞争

Q1. 回到骰子的问题上，假设你的朋友搞错了，他突然意识到实际上有两个灌铅的骰子，只有一个均匀的骰子。这一情况将如何改变问题的先验胜率及后验胜率？你是否更相信所掷的骰子是灌了铅的？

A1. 原来的先验胜率等于：

$$\frac{\frac{1}{3}}{\frac{2}{3}}=\frac{1}{2}$$

而贝叶斯因子等于 3.77，因此后验胜率等于 1.89。

新的先验胜率则等于：

$$\frac{\frac{2}{3}}{\frac{1}{3}}=2$$

所以新的后验胜率等于 $2 \times 3.77 = 7.54$，现在我们当然更愿意相信掷的骰子是灌了铅的，但新后验胜率的强度仍然不是很大。在完全放弃之前，我们需要收集更多的数据。

Q2. 回到罕见疾病的例子上，假设你去看了医生，清洗完耳朵后，你发现症状仍然存在。更糟糕的是，又出现了新的症状：眩晕。医生提出了另一种可能的解释——迷路炎。这是一种内耳病毒感染，98%的病例会眩晕。然而，患这种病时听力损失和耳鸣不太常见：出现听力损失的病例只有30%，出现耳鸣的只有28%。眩晕也是患前庭神经鞘瘤的一个可能症状，但只发生在49%的病例中。在普通人群中，每年每百万人中有35人感染迷路炎。当你比较患迷路炎的假设和患前庭神经鞘瘤的假设时，后验胜率是多少？

A2. 因为前面已经计算过患前庭神经鞘瘤是多么不可能，所以我们可能会把事情搞混，因此明确符号的意义很有必要。这里用 H_1 表示患迷路炎，H_2 表示患前庭神经鞘瘤。现在，需要重新计算后验胜率的每一部分，因为我们看到了新的症状"眩晕"，并出现了全新的假设。

首先计算贝叶斯因子，对 H_1 有：

$$P(D \mid H_1) = 0.98 \times 0.30 \times 0.28 \approx 0.082$$

而 H_2 的新似然则等于：

$$P(D \mid H_2) = 0.94 \times 0.83 \times 0.49 \approx 0.382$$

因此对新假设来说，贝叶斯因子的值为：

$$\frac{P(D \mid H_1)}{P(D \mid H_2)} \approx 0.21$$

这意味着仅考虑贝叶斯因子，前庭神经鞘瘤的解释能力是迷路炎的4倍多。现在看一下先验胜率：

$$O(H_1) = \frac{P(H_1)}{P(H_2)} = \frac{\dfrac{35}{1\,000\,000}}{\dfrac{11}{1\,000\,000}} \approx 3.18$$

迷路炎的发病率远低于耳垢堵塞，但也仅是前庭神经鞘瘤的3倍左右。将前面的两个结果放在一起计算后验胜率，可以得到：

$$O(H_1) \times \frac{P(D \mid H_1)}{P(D \mid H_2)} = 3.18 \times 0.21 \approx 0.67$$

最终的结果显示，前庭神经鞘瘤只是一个比迷路炎稍好一些的解释。

第 17 章　电视剧中的贝叶斯推理

Q1. 每次你和朋友 A 相约去看电影时，你们都会掷硬币决定谁挑选电影。朋友 A 总是选择正面，而且连续 10 周，掷硬币的结果都是正面。于是你提出一个假设：硬币的两面都是正面，而不是一个正面一个反面。为硬币是作弊硬币还是均匀硬币设定一个贝叶斯因子，仅仅这个比值就能说明朋友是否在欺骗你吗？

A1. 用 H_1 表示这枚硬币实际上是作弊硬币的假设，用 H_2 表示这枚硬币是均匀硬币的假设。如果这枚硬币的确是作弊硬币，那么它连续 10 次出现正面的概率为 1，因此：

$$P(D \mid H_1) = 1$$

如果这枚硬币是均匀硬币，那么观察到它连续 10 次出现正面的概率为 $0.5^{10} = \dfrac{1}{1024}$，因此：

$$P(D \mid H_2) = \dfrac{1}{1024}$$

有了这两个值，就可以计算贝叶斯因子：

$$\dfrac{P(D \mid H_1)}{P(D \mid H_2)} = \dfrac{1}{\dfrac{1}{1024}} = 1024$$

这就意味着，仅从贝叶斯因子来看，这枚硬币是作弊硬币的概率是均匀硬币的 1024 倍。

Q2. 现在假定可能有以下 3 种情况：朋友 A 要花样了、朋友 A 大部分时间很诚实但偶尔也会暗中做手脚，以及朋友 A 非常值得信任。针对每种情况，估算一下假设的先验胜率，并计算出相应的后验胜率。

A2. 这个题目有些主观，但我们还是会做一些估算。我们需要计算出这 3 种情况的先验胜率。针对每一种情况，只需将先验胜率乘以上一题中得到的贝叶斯因子，就可以得到相应的后验胜率。

耍花样就意味着朋友 A 更有可能欺骗你，所以设定 $O(H_1) = 10$，这样相应的后验胜率就等于 $10 \times 1024 = 10\ 240$。

如果朋友 A 大部分时间很诚实，但也可能暗中做手脚，那么他欺骗你，你也不会太惊讶，所以此时设定 $O(H_1) = \dfrac{1}{4}$，这意味着后验胜率会变成 256。

如果真的信任朋友 A，你可能想将他作弊的先验胜率设置得很低，比如说 $O(H_1) = \dfrac{1}{10\,000}$，这时后验胜率大约为 $\dfrac{1}{10}$。这意味着你认为硬币均匀的可能性是朋友 A 作弊的 10 倍。

Q3. 假设你非常信任朋友 A，同时假设朋友 A 作弊的先验胜率为 $\dfrac{1}{10\,000}$。掷硬币需要出现多少次正面，才能使你怀疑朋友 A 的清白——比如说，后验胜率为 1？

A3. 掷硬币 14 次且连续出现正面，此时贝叶斯因子等于：

$$\frac{1}{0.5^{14}} = 16\,384$$

相应的后验胜率则约等于 1.64。

此时，你开始怀疑朋友 A。但当掷硬币的次数少于 14 次时，你仍然倾向于认为硬币是均匀的。

Q4. 你的另一个朋友 B 也经常和朋友 A 外出游玩，在掷硬币连续 4 周为正面后，朋友 B 觉得你们都被骗了。这种信心意味着后验胜率约为 100。你会给朋友 B 认为朋友 A 作弊的先验胜率赋一个什么样的值？

A4. 这个问题可以通过填空来解决。根据下面的计算，贝叶斯因子等于 16：

$$P(D \mid H_2) = 0.5^4 = \frac{1}{16}$$

之后只需要找到一个值乘以 16 等于 100：

$$100 = O(H_1) \times 16$$

$$O(H_1) = \frac{100}{16} = 6\frac{1}{4}$$

现在我们已经为持怀疑态度的朋友 B 的先验胜率赋了一个精确的值！

第 18 章　当数据无法让你信服时

Q1. 当两个假设都能很好地解释数据时，改变我们的想法的一个办法就是看我们能否处理好先验概率。有哪些因素可能会增强你对朋友拥有超能力的先验信念？

A1. 由于我们谈论的是先验信念，因此每个人的答案都可能会有一些不同。对我来说，只是预测掷骰子的结果似乎特别容易造假。我希望这位朋友能够在我所给的选择实验中展示超能力。例如，让他预测我钱包里的美元上印的序列号的最后一位数字，这样他就很难欺骗我了。

Q2. 一项实验表明，当听到"佛罗里达"这个词时，人们会联想到老年人，进而会影响他们的步行速度。为了验证这一点，让两组各 15 名学生穿过一个房间：一组会听到"佛罗里达"这个词，另一组不会。令 H_1 表示两组学生的步行速度相同，H_2 表示其中一组因为听到"佛罗里达"一词而走得更慢。同时假设：

$$BF = \frac{P(D \mid H_2)}{P(D \mid H_1)}$$

实验表明 H_2 的贝叶斯因子为 19。假设有人不相信这项实验，因为 H_2 的先验胜率较低。先验胜率是多少可以解释某个人没有被说服？贝叶斯因子等于多少才能让这个不服气的人的后验胜率达到 50？

A2. 这个问题来自一篇真实的论文，"社会行为的自动性"[1]。如果觉得这项实验有问题，那么恭喜你，并不是只有你这样认为。这项研究的结果一直是出了名地难以重现。如果你不相信，那么要想否定这个结果，先验胜率必须大致等于 $\frac{1}{19}$。为了使后验胜率达到 50，需要有：

$$50 = \frac{1}{19} \times BF$$
$$BF = 950$$

基于你最初的怀疑态度，贝叶斯因子必须等于 950 才能使你的后验胜率进入"坚定相信"的范围。

现在假设先验胜率没有改变持怀疑态度的人的想法。请想出另一个替代假设 H_3，用它可以解释听到"佛罗里达"一词的小组速度较慢这个观察结果。请记住，如果 H_2 和 H_3 都能很好地解释数据，那么只有先验胜率有利于 H_3 才会让人们认为 H_3 为真而不是 H_2，所以我们需要重新考虑实验，以便降低这样的概率。设计一个改变 H_3 相对于 H_2 的先验胜率的实验。

---

[1] John A. Bargh, Mark Chen, and Lara Burrows, "Automaticity of Social Behavior: Direct Effects of Trait Construct and Stereotype Activation on Action," Journal of Personality and Social Psychology 71, no. 2 (1996).

第二组即佛罗里达组的平均速度较慢，这完全有可能。由于每组只有 15 个人，不难想象，听到"佛罗里达"一词的这组人恰好身高较矮的人更多，因此他们可能需要更长的时间才能走完这么短的距离。要想让我相信，我至少要看到这项实验在许多不同的情况中多次重现，以确保听到"佛罗里达"一词的那组人走得慢并不是偶然。

第 19 章　从假设检验到参数估计

Q1. 贝叶斯因子假定我们考虑的是假设 $H_1 : P(中奖) = 0.5$ ，这使我们可以得到一个 α 为 1、β 也为 1 的 β 分布。如果我们为 H_1 选择一个不同的概率，会有什么影响？假设 $H_1 : P(中奖) = 0.24$ ，看看所得到的分布，一旦归一化总和为 1，是否会与原来假设的分布有任何不同？

A1. 我们可以重新运行所有的代码，只不过会创建两组 bfs，其中一组对应的概率为 0.5，另一组对应的概率为 0.24：

```
dx <- 0.01
hypotheses <- seq(0,1,by=dx)
bayes.factor <- function(h_top,h_bottom){
  ((h_top)^24*(1-h_top)^76)/((h_bottom)^24*(1-h_bottom)^76)
}
bfs.v1 <- bayes.factor(hypotheses,0.5)
bfs.v2 <- bayes.factor(hypotheses,0.24)
```

接下来，分别画出相应的图：

```
plot(hypotheses,bfs.v1,type='l')
```

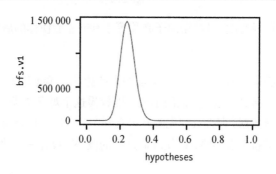

```
plot(hypotheses,bfs.v2,type='l')
```

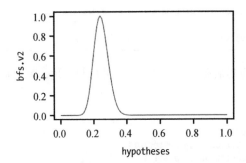

这两张图唯一的区别就是 y 轴。选择较弱或较强的假设只会改变分布的陡缓程度，而不会改变分布的形状。如果将它们归一化后绘制在一起，就会发现两者完全相同。

```
plot(hypotheses,bfs.v1/sum(bfs.v1),type='l')
points(hypotheses,bfs.v2/sum(bfs.v2))
```

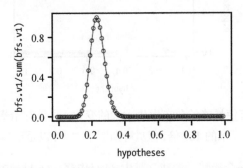

Q2. 写出下面分布的先验，其中每个假设的可能性是前一个假设的 1.05 倍（假设 dx 仍为 0.01）。

A2. 首先在原来代码的基础上重新生成 bfs（请参阅上一题答案中的代码）：

```
bfs <- bayes.factor(hypotheses,0.5)
```

接下来，新的先验值将从 1 开始（因为没有前一个假设），然后是 1.05、1.05*1.05、1.05*1.05*1.05，以此类推。有几种方法可以达成这个目标，这里选择使用 R 语言的 replicate() 函数，生成长度比 hypotheses 少 1 的元素均为 1.05 的向量：

```
vals <- replicate(length(hypotheses)-1,1.05)
```

再在这个向量的前面加上元素 1，然后使用 cumprod() 函数（与 cumsum() 相似，但 cumprod() 是累乘）就可以生成先验 priors 了：

```
vals <- c(1,vals)
priors <- cumprod(vals)
```

最后，只需要计算出后验 posteriors 并进行归一化，就可以直观地看到新分布，如下图所示：

```
posteriors <- bfs*priors
p.posteriors <- posteriors/sum(posteriors)
plot(hypotheses,p.posteriors,type='l')
#add the bfs alone for comparison
points(hypotheses,bfs/sum(bfs))
```

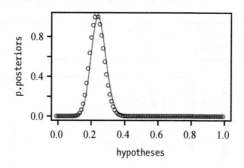

请注意，这并没有使最终的分布发生太大的变化。尽管它给最后一个假设提供了更大的先验概率，大约是原来的 125 倍，但贝叶斯因子太小，以至于最终并没有产生太大的变化。

Q3. 假设你观察到另一个捞鸭子游戏，其中 34 只中奖，66 只未中奖。你将如何设置假设检验来回答如下的问题：相较于在前面例子的游戏中的中奖机会，在这款游戏中你中奖机会更大的概率是多少？

完成这个问题用到的 R 代码要比本书中使用的更复杂一些，试试自己能否自学完成，从而在更高级的贝叶斯统计学中开启自己的冒险之旅！

A3. 显然，我们需要做的是像第 15 章一样，通过构建 A/B 测试来解决这个问题。只需要重复本章中的过程，我们就可以很容易地得到"34 只中奖，66 只未中奖"这个例子的先验分布和后验分布。棘手的是从自己创建的后验分布中抽样。之前，为了从已知的分布中抽样，可以使用像 rbeta()这样的内置函数，但现在并没有相应的函数。为了解决这个问题，需要使用高级抽样技术，比如拒绝抽样，甚至是 Metropolis-Hastings 抽样法。如果你非常希望解决这个问题，那么现在就是开始阅读更高级的贝叶斯分析书籍的好时机。你应该感到自豪，因为这意味着你对贝叶斯统计的基础知识有了深刻的理解。